微书坊

幻·奇动物文学

ANIMAL NOVELS

维·比安基 森林报

[苏] 维·比安基/著 龚 勋/编 译

重庆出版集团 重庆出版社
景壳文化传播公司

创世卓越 品质图书
TRUST JOY,QUALITY BOOKS

图书在版编目（CIP）数据

维·比安基森林报/龚勋编译. —重庆：重庆出版社，
2015.5

ISBN 978-7-229-09822-3

Ⅰ. ①比… Ⅱ. ①龚… Ⅲ. ①森林—少儿读物 Ⅳ.
①S7-49

中国版本图书馆CIP数据核字（2015）第100325号

微书坊

幻·奇动物文学

维·比安基森林报
Wei Bi'anji Senlin Bao

总 策 划	邢 涛	网 址	http://www.cqph.com
原 著	维·比安基〔苏〕	电 话	023-61520646
编 译	龚勋	发 行	重庆出版集团图书
设计制作	北京创世卓越文化有限公司		发行有限公司发行
出版人	罗小卫	经 销	全国新华书店经销
责任编辑	郭玉洁 李云伟	印 刷	北京丰富彩艺印刷有限公司
责任校对	刘小燕	开 本	787mm×1092mm 1/32
印 制	张晓东	印 张	8
出 版	重庆出版集团 重庆出版社 出版	字 数	165千
			2015年5月第1版
			2015年5月第1次印刷
	景尧文化传播公司 出品		ISBN 978-7-229-09822-3
地 址	重庆市南岸区南滨路162号1幢	定 价	19.80元
邮 编	400061		

新奇瑰丽的画卷……

涤荡心灵的大自然之歌

《森林报》是苏联著名科普作家维·比安基最著名的作品。在这部作品里，比安基采用报刊的形式，以春、夏、秋、冬12个月为顺序，用轻快的笔调真实生动地叙述了发生在大森林里的奇妙故事。

在那个大森林里，所有的动植物都有着丰富的情感。它们每天都经历着各种喜怒哀乐、生存与毁灭、斗争与互助……看似简单的繁衍生息，实则静谧中暗藏着杀机，追逐中暗含着温情。你看：雄琴鸡为了赢得雌琴鸡的青睐，不惜血肉相搏，最后却让猎人渔翁得利；小白桦和小白杨并肩携手，将小云杉赶出它们的领地，可转过头来，它们又开始了你争我夺；日子过得紧巴巴的鹡鸰爸爸和鹡鸰妈妈，连自己的肚子都没工夫填饱，却每天给养子小杜鹃找肥美的大青虫吃……可以毫不夸张地说，许多关于大自然的奥秘，都可以在这本书里找到答案。

如今的人们，长期蜗居在钢筋水泥的世界里，对大自然美妙图景弱视或短视，逐渐忘记了真正的花草的颜色、水流的声音……正是因为如此，我们将这本书拿出来，重新整理，作为献给孩子们的一份绿色礼物，希望能够还给他们一个真实、生动的大自然，让他们在感受到无穷欢乐的同时，丰富知识、开阔思维、激发灵感。

 **目录**

 **目录**

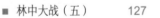

ANIMAL NOVELS 目录

告读者

普通的报纸上，总是刊登一些人的消息、人的事情，可孩子对这些不感兴趣啊，他们更想知道飞禽走兽和昆虫们的生活。

其实，森林里的新闻并不比城市里少。在那里，也有愉快的节日和悲惨的事情，也有英雄和强盗。可这些，在城市的报纸上很少见到，所以谁也不知道那里到底发生着什么样的事儿。比如说，有谁听说过，在寒冷的冬天，在列宁格勒，那些没有翅膀的小蚊虫会从土里钻出来，光着脚丫在雪地上乱跑呢？你又在什么报纸上看到过关于"林中大汉"——麋鹿打群架的事？或者是有关候鸟大搬家的消息？

所有这些新闻，在《森林报》上都可以看到。

这是一份在列宁格勒出版的报纸。不过，它报道的可不光是列宁格勒的消息。因为我们国家的土地可广大了。大到在北方边境上，暴风雪把人都冻僵了；可在南方的田野，阳光暖洋洋地照着，到处都是鲜花。西部边区，孩子们刚刚躺下；东部地区，孩子们已经睡醒了。那些发生在全国各个角落里的事情，你都可以在这里看到。

也许你会想，森林年年都是一个样子，那里的新闻会不会是旧的？不错，年年都有春天，可每个春天都是崭新的，不管多久，也不会有两个一模一样的春天。

一年就好比有12根辐条的车轮，每一根代表一个月。12根辐条都滚过去，车轮就转了一圈。接着，又该轮到第一根辐条滚动了，可这时，车轮已经不在原处，它已经滚到远一点儿的地方去了。说到这儿，还有一件事要宣布，那就是在这本书的最前头，我们还刊载了一份森林历。它和我们平时看到的历书并不一样。这也没什么可奇怪的，因为鸟兽的一切，和我们人类的都不一样啊！

我们看的是日历，它们靠的是太阳。太阳在天上兜一个大圈子就是一年。太阳走过一个星座，就是一个月。所以，森林里的新年，不是在冬天，而是在春天，在太阳刚刚进入白羊座的时候。至于森林历上的一年，我们也按照普通历书那样，分成了12个月。不过，我们根据森林里的情况，给每个月另外起了名字。

在森林里，迎接太阳的时候总是愉快的，可给太阳送行的时候，忧愁的日子就开始了。

每年的森林历
Forest Calendar

1月份	冬眠苏醒月（春季第一月）	……… 3月21日到4月20日
2月份	候鸟回乡月（春季第二月）	……… 4月21日到5月20日
3月份	唱歌舞蹈月（春季第三月）	……… 5月21日到6月20日
4月份	鸟儿筑巢月（夏季第一月）	……… 6月21日到7月20日
5月份	雏鸟出生月（夏季第二月）	……… 7月21日到8月20日
6月份	练习飞行月（夏季第三月）	……… 8月21日到9月20日
7月份	候鸟离家月（秋季第一月）	……… 9月21日到10月20日
8月份	储备粮食月（秋季第二月）	……… 10月21日到11月20日
9月份	冬客临门月（秋季第三月）	……… 11月21日到12月20日
10月份	冰天雪地月（冬季第一月）	……… 12月21日到1月20日
11月份	忍饥挨饿月（冬季第二月）	……… 1月21日到2月20日
12月份	忍受残冬月（冬季第三月）	……… 2月21日到3月20日

January | 冬眠苏醒月

春天的序曲

3月21日是春分。这天，是森林中的新年——因为春天要来啦！

秃鼻乌鸦奏响了春天的序曲。它们刚刚从遥远的南方飞回来。在回家的途中，它们遇到了无数场暴风雪。几十、几百只秃鼻乌鸦冻死在路上，但大部队总算飞回来了。最先到达的是那些强壮的小家伙。现在，它们正大模大样地在路上踱着方步，还不时伸出结实的嘴巴刨一下土。

遮满整个天空的黑压压的乌云飘走了，雪白的积云堆积在蔚蓝的天空上，第一批小兽诞生了。

麋鹿和牡鹿长出了新犄角，金翅雀和戴菊鸟也开始唱歌。我们蹲在云杉下的熊洞旁，等待着这些庞然大物的苏醒。

一股股雪水在冰下汇集，森林在滴滴答答地滴水，头一批花儿出现了。瞧，它们就在沟渠的边儿上，在那光秃秃的榛子树枝上。

一根根富有弹力的灰色小尾巴从榛子树枝上垂下

来，人们把它们叫做葇荑花序。

你只要轻轻地摇一摇这些小尾巴，就会有许多花粉从上面飘下来。

奇怪的是，在这几根树枝上，还有别的样子的花儿。它们有的两朵、有的三朵生在一起，就像一个个蓓蕾。

在这些蓓蕾的尖儿上，伸出一对对鲜红色的、像线一样的小东西。原来，这是雌花的柱头，它们的任务是接受从别的榛子树枝上飘来的花粉。

风自由自在地在光秃秃的树枝间游荡，没有什么东西能阻挡它去摇晃那些灰色的小尾巴。不过，这样的日子不会太久，过不了几天，这些小尾巴就会脱落，而那些鲜红色的奇妙小花儿也会干枯。到那时，每一朵这样的小花儿，都会变成一颗小榛子！

田野里，积雪还没有融化，可兔妈妈已经生下了小兔儿。

这些小东西一生下来就睁开了眼睛。它们穿着暖和的皮大衣，吃饱了就到处去玩儿，有时在灌木丛里，有时在草墩下面。

不过，它们只是老老实实地躺在那儿，因为外面有老鹰，还有狐狸。

兔妈妈早就跑得不知去向了，难道它把这些孩子忘了吗？

好不容易，一个兔妈妈从旁边跑过来，可是，这不是它们的妈妈——是一位不认识的兔阿姨。

小兔儿们跑过去：喂喂我们吧！它们可不知道那不

是它们的妈妈呀！

那只兔阿姨真的站住了，直到把这些小兔儿都喂饱了，它才跑开。

小兔儿们又回到灌木丛里躺着去了。这时候，它们的妈妈正在什么地方喂别家的小兔儿呢。

原来，兔妈妈们有这么一种规矩：它们认为所有的小兔儿都是它们大家的孩子。

所以，不论兔妈妈在哪儿遇到一窝小兔儿，都会给它们喂奶吃。它才不管这窝小兔儿是自己生的，还是别的兔妈妈生的呢！

这样一来，你们是不是以为那些小兔儿的日子不好过啦？才不是呢！它们身上穿着皮大衣，暖暖和和的。兔妈妈们的奶又十分香甜，小兔儿们吃上一顿，能顶上好几天呢！

瞧，春天就这么来啦！

闹哄哄的森林

每到初春夜间，小猫们就相聚在屋顶开演唱会，这就是它们每日的娱乐活动，可这些节目每次都是以打斗收尾。

身处阁楼间的鸟儿对自己目前的居住环境十分满意，要是怕冷，还可以搬到壁炉的烟囱里住，在那儿可以好好地取暖。

鸽妈妈开始孵蛋了，麻雀也开始四处寻找可以用来做窝的材料，它们有的找树叶，有的找绒毛……它们达成了一致看法：就是小猫们、男孩子们太淘气，经常跑来捣乱，把刚做好的窝弄坏！

椋鸟①和云雀也飞了过来，它们也跟着唱起了歌！

我们的森林通讯员一直耐心等待，可熊洞还是非常安静，难道熊待在洞里被冻死了？大家胡乱地推测着。

突然间，洞上的白雪都被抖了下来！

可让人失望的是，从洞里爬出的小东西根本不是什么熊，好像小猪一样，浑身全是毛，小肚皮黑乎乎的，

---

❶ 椋（liáng）鸟：雀形目鸟类，是害虫的天敌，每天能捕捉约400克的害虫，还能模仿其他鸟类、青蛙等动物甚至人类的声音。

头部是雪白的，旁边还有几条淡淡的横纹，这小东西，从来没见过啊！

原来，这洞并不是熊洞，而是獾洞，这小家伙是獾。

獾慢慢地从冬眠中清醒过来，每到夜间，它都会出洞寻找蜗牛幼虫或是甲虫吃，它也吃植物的根，没事的话还抓抓田鼠。

离开獾洞以后，我们又开始寻找熊洞，最后，我们还是找到了，没错，这次是真的找到了！嘘！那熊还在睡梦中呢！此时的春水早已能把冰漂浮起来了。

冰雪开始快速融化，啄木鸟正在森林中辛勤劳作。

那在水面上刨冰的小鸟儿是什么？人们称它们为白鹡鸰。

从前那条滑雪的道路变得坑坑洼洼的了，目前只能坐马车，不能滑雪了。

椋鸟的窝旁不知发生了什么事，又是吵又是叫的，羽毛、绒毛、小草漫天飞舞，一片混乱。

啊！原来是椋鸟回家了，它是这间房子的主人，可主人发现自己的家竟然被麻雀给占了，这可把它气坏了。椋鸟疯了一般地将麻雀往外拉，连它们的羽毛垫子也给踢了出去，真气人，满屋都是麻雀的气味！

这时，有一个水泥工爬上梯子干活去了，他正准备爬上屋顶修补裂缝，往裂缝上面糊上水泥。麻雀一见，尖叫着扑了过去。工人吓了一跳，不明白发生什么事了，只能挥着铲子赶它们，可麻雀依旧不顾危险，拼命靠近那名工人。原来，那缝里正是麻雀的窝，窝里还有

小麻雀的蛋呢！漫天飞舞的绒毛、羽毛，好不闹腾！

被冰封住的湖水裂开后，从水里爬出了几只灰色的虫子。它们慢慢地爬上岸边，静静地脱掉厚重的外壳，变成了扇着翅膀、浑身又细长又匀称的小飞虫。它们既不是什么苍蝇，也不是什么蝴蝶，而是石蚕。

石蚕虽然长着又长又轻的翅膀，可它们还不能飞，因为它们还很虚弱，还得多晒晒太阳。

石蚕挣扎着爬过马路，路上，它们总会被踩到，或是被马踏平，甚至会被车轮压得粉碎，被麻雀啄得支离破碎……可它们不害怕，仍旧努力地往马路那边爬，只要爬过去，就能到对面的屋顶上晒温暖的太阳了！

蝴蝶也飞了出来，它们想呼吸点新鲜空气，顺便也让美丽的翅膀晒晒太阳。这是第一批飞出来的蝴蝶，它们叫荨麻蝶，黑色的翅膀上带有点点黄斑，随后出来的是柠檬蝶，它们有着淡黄色的翅膀。

果园里、公园里，还有庭院里，随处都可以看见盛开的款冬花，它们是黄色的。街上开始卖花了，是从树林里采来的早春花，人们称它们为"雪中的紫罗兰"。但这些花的真名是蓝花积雪草。大树也要醒了，听，大树的树干里，早已有汁液在缓缓流动了。

峡谷里，有一条条蜿蜒的小溪，我们用石子和泥巴在小溪上搭建了一个小坝，就想看看，究竟是哪些动物先游过来呢？过了很久，什么东西都没过来，除了一些树枝、树叶在此打转。终于，有一只小老鼠被冲了过来。它和普通老鼠不同，没有灰尾巴。它全身均是棕色

的毛，是短尾巴田鼠。这个可怜的小家伙可能已经死了一冬，一直被埋在雪堆里。现在，被冰水冲到了这儿。

没过多久，水面上漂来一只黑甲虫。它拼命地挣扎，整个身体在水里不停地转着圈。一开始我们还以为它是什么稀奇玩意儿呢，捞上来一看，竟是一只让人恶心的屎壳郎！

很显然，它应该是睡醒了。它究竟是怎么掉到水里的呢？再往下看！两条腿向后蹬的，对，是青蛙！青蛙从河水中跳上岸，然后蹦蹦跳跳地消失在了灌木丛中。

春天来临后，土坡上就出现了款冬的茎，一簇一簇的，每一簇都是一个温暖的大家庭。岁数大的苗条些，它们的茎又高又直。靠着它们的那些矮胖的，是弟弟妹妹们。还有一类茎更加有趣，它们全都弯着腰，一副抬不起头的模样，好像很害羞。

这天，全镇的居民都吓了一跳，空中不知什么时候传来了一阵喇叭声。清晨，天还没亮，整个小镇还在熟睡中。就在这时，喇叭声忽然清晰地传来了。

眼神好的，能很清楚地看到，天空中有一群白鸟在飞翔，它们长着又细又长的脖子，大大的翅膀紧紧地贴着白云。原来，它们就是喜欢排队飞翔的野天鹅啊。每逢春季，野天鹅就会排着队从城镇上空飞过，它们响亮的叫声和吹喇叭的声音一样。

现在，野天鹅们正赶着飞往阿尔汉格尔斯克，当然，也有些是飞向北德维纳河两岸的，它们是忙着赶过去做窝的！

猎鸟

猎人白天从城里出发，傍晚就来到森林里了。

天灰蒙蒙的，没有风，下着毛毛雨，但是很暖和。这正是打猎的好天气。

猎人选好了一个地方，靠在一棵云杉旁站着。周围的树木都不高，都是些赤杨、白桦、云杉什么的。

还有一刻钟太阳就要落山了，现在还有时间抽一根烟，过会儿可就不行了。

猎人站在那儿侧耳倾听：森林里，各种各样的鸟儿都在唱着歌。

棕树的树顶上有只鸟，应该是鸫鸟①，它尖声鸣叫着、啭啼着；丛林里"啾、啾、啾、啾"的声音，应该是红胸脯的欧亚鸲②发出的声音。

太阳落山了。鸟儿们陆续停止了歌唱。最后，连最会唱歌的鸫鸟和欧亚鸲也不出声了。

现在可要注意了，留心听！

---

① 鸫(dōng)鸟：属雀形目鸫科，全长117～300毫米，嘴须发达，翅形尖。
② 欧亚鸲(qú)：属雀形目，身体小，尾巴长，嘴短而尖，羽毛漂亮。

寂静的森林上空突然传来了一种轻轻的声音："切尔科，切尔科，好了——好——了！"

猎人一惊，把猎枪放到了肩膀上，一动不动，是哪儿来的声音呢？

"切尔科，切尔科，好了——好——了！"

"切尔科，切尔科……"

是一对啊！在森林的上空，两只长嘴的勾嘴鹬，正急匆匆地扑扇着翅膀向前飞着。一只跟在另一只后面——但不是打架。

看来，前面的是雌的，后面的是雄的。

砰！——后面的那只，像风车似的在空中旋转着，慢慢坠到了灌木丛里。猎人像箭一样冲了过去：他知道，如果去晚了，受伤的鸟儿躲到灌木丛里，那就怎么也找不到它了。

瞧，勾嘴鹬的羽毛和树叶一样灰蒙蒙的。

它挂在灌木上面，一眼就看到了。

那边，不知道哪儿又传来了勾嘴鹬"切尔科，切尔科"的叫声。

太远了——霰弹打不着。猎人又靠在一棵云杉后面，聚精会神地倾听着。森林里好静啊！

"切尔科，切尔科……"

"好了——好——了！"叫声又响了起来。

那边，在那边——太远了……

扔个什么东西，应该可以把它吸引过来的！

猎人摘下帽子，往空中抛去。

雄勾嘴鹬很机敏，它正在昏暗的森林薄雾里找自己的另一半——雌勾嘴鹬。忽然看见一个黑乎乎的东西从地面升起来，又落了下去。

是雌勾嘴鹬吗？它在空中转了个圈，急急忙忙向下飞去——直冲猎人的方向。

砰！——这只雄勾嘴鹬一个跟头栽了下来。猎人一枪就打死了它。

天渐渐黑了。"切尔科，切尔科……" "好了——好——了！"的叫声又想起来了，时断时续，时而在这边，时而在那边——搞不清楚究竟在哪里。

猎人的手激动得发抖了。

砰！砰！——

没打着！

还是放过一两只吧！没准头了——得静下心来，休息一会儿。

好了——现在手已经不抖了。

森林深处黑黝黝的。这时，不知道哪儿传来了猫头鹰那又大又可怕的叫声。一只正准备入睡的鹬鸟，吓得惊慌失措地尖叫起来。

太黑了——已经不能再开枪了。

现在，趁着还能看见路，应该赶到鸟儿交配的地方去了。

松鸡交配的地方

经是半夜了，猎人坐在森林里，一边吃东西，一边从暖瓶里倒水喝：这时他可不敢生火——火会把松鸡吓跑的。

不用等多久，天就要亮了，松鸡很早——黎明前——就开始交配。

在寂静的黑夜里，突然传来了猫头鹰闷声闷气的两声嘶叫。

这该死的家伙，这么叫会把交配的松鸡吓跑的。猎人在心中懊恼着。

东边的天空渐渐发白了。听，好像在哪儿，有一只松鸡，它在唱歌，刚好能听清——"泰克、泰克"，"喀、喀"。

猎人踮着脚，仔细听。

听，还有另外一只松鸡也叫起来了。就在不远的地方，大概有150步。

第三只……

猎人小心翼翼地移动着脚步，越来越近。他手里端着枪，手指紧扣着扳机，眼睛紧盯着不远处那棵粗大的云杉。

听，"泰克、泰克"的声音停止了；那只松鸡开始连续尖声尖气地啭啼起来。

猎人突然跳离了原来的地方。

一步，两步，三步，使劲往前蹿了三大步，然后站住，一动不动。

松鸡的歌声停住了。四周静悄悄的。

松鸡好像察觉到什么了——它正竖着耳朵仔细听呢！这家伙真是机敏极了，只要有一点点碰到树枝的微微响动，它就立刻冲出去，在森林里展开大翅膀，跑得无影无踪！

但它什么也没听到，于是又"泰克、泰克！泰克、泰克！"地叫了起来——那声音就像两根木头轻轻撞击似的。

猎人还是站着不动。

于是，松鸡高兴了，重新啭啼起来。

猎人又是向前一跳。

松鸡赶忙停住啼鸣，嘴里因为着急，还发出"喀喀喀"的声音。

猎人一只脚还停在半空，但他停住不敢动了。因为他知道，松鸡又不叫了——它正在听着呢。

过了一会儿，没发现情况，松鸡又开始："泰克、泰克！泰克、泰克……"地叫了起来。

就这样，重复了很多次。

猎人已经很接近松鸡了，他知道，松鸡就在这棵云杉树上——好像就在树的中间，而且离地面很近。

它玩得太高兴了，已经晕晕乎乎、昏头昏脑的了。现在你就是对着它大声嚷，它也听不见了。

可是，它到底在哪儿呢？难道是在那片漆黑的针叶丛里？看不清楚呀！

啊哈！看到了，原来在那儿！

在一棵满是针叶的云杉枝头，几乎就在猎人旁边—— 也就是三十步远—— 长长的黑脖子上面，顶着一个鸟头，还带着一撮山羊胡子……

现在没有声音，可还是不能动弹……

"泰克、泰克！"——歌声又响起来了。

猎人端起了枪，瞄准了那个黑影—— 就是那个长了山羊胡子的像公鸡一样的大鸟侧影，它的鸟尾巴大得像是一把展开的大扇子。

猎人挑中它的要害，打了下去。

砰！烟遮住眼睛，什么也看不见，只听到松鸡沉重的身体往下掉落，"喀嚓、喀嚓"，压断了一根根的树枝。

嘭！——掉在雪地上了。

哈！好大一只松鸡，浑身都是黑的，起码有5千克重！整条眉毛都通红通红的，就好像是刚流出来的血的颜色似的。

露天剧场上的生死表演

森林里一块很大的空地上，有一个露天剧场。太阳还没升起，四周却什么都能看清，因为这是列宁格勒特有的极昼。

四处聚来看戏的观众是一些雌琴鸡①，它们身上有麻斑，有的蹲在地上吃东西，有的矜持地坐在树枝上。

它们在静静等待表演开始。

不一会儿，有只雄琴鸡从森林里飞到空地上来了，它浑身乌黑，翅膀上有几道白条纹，它是表演的主角。

它用两只纽扣般的大黑眼睛，敏锐地观察了一下四周，发现来的那几只雌琴鸡是来看演出的，可自己的搭档还没来。

慢着，怎么那边居然长出矮树丛了？好像昨天还没有呢。还有更荒唐的—— 似乎一夜之间长出了很多一米高的云杉，难道是我记错了？看来是老糊涂了，记忆力出了点儿问题。

---

❶琴鸡：一种森林鸟类，常见的有黑琴鸡和高加索琴鸡。体态中等，嘴巴短小，翅膀短而圆。雄性琴鸡的尾羽向外和向下弯曲，呈纯白色。

总之，演出开始了！

主角又扫视了一眼观众，然后把脖子弯向地面，翘起它引以为傲的大尾巴，把翅膀斜拖在地上。接着，它开始念台词，大意是：我要卖掉皮袄，买件新外套！

挺了挺身子，雄琴鸡又看了看观众，再次说：我要卖掉皮袄，买件新外套！

这时，"啪"的一声，又有一只雄琴鸡落到表演场上来了，接着，又陆续有其他雄琴鸡飞了过来。

这些捣乱的家伙可把主角气坏了，气得羽毛都竖了起来。它把脑袋贴到地面，尾巴像扇子似的大大张开，口中发出"呼呼"的声音去吓唬其他雄琴鸡。这是一种威吓，意思是："快闪开！不然我撕掉你们的毛！"

可是别的雄琴鸡也并不示弱，其中一只挺身而出，也"呼呼"地叫着说："你要不是胆小鬼，就过来比试比试好了！"

"呼呼！""呼呼！"挑战之声不绝于耳，这足足有二三十只雄琴鸡，黑压压一大片挤满了表演场，根本看不出到底有多少只，不过只只都做好了作战的准备，来吧！

雌琴鸡们这时候却非常淡定，还是坐在树枝上，看样子对这些小伙子们的打斗一点儿兴趣都没有。雌琴鸡非常明白，它们这是在耍花招。这些抖开黑尾巴，激动得满脸通红的黑斗士，正是为了获得雌性的好感才飞到这儿来的。

每只雄琴鸡都想在姑娘面前表现出自己是多么的

威风和勇敢，那些笨头笨脑、身体单薄的可怜虫，根本没有机会被雌琴鸡垂青，只有最胆大灵活、最勇敢的那个，才能获得美人的青睐。

打斗很快开始，愤怒的喊声充满了表演场，雄琴鸡们勇猛地拼搏着，互相啄，互相掐，大声吼叫。

天色渐渐大亮，舞台上空的透明薄雾也要散去了。

咦？表演场中间怎么会有一丛云杉？而且其中还有一件金属的东西在闪闪发亮？可是这会儿，雄琴鸡根本无暇去顾什么云杉了，一心对付各自的对手。

最初的主角离树丛最近，有两个对手都被它打跑了，它正在对付第三个。说实话，它可真是名副其实的主角，整个森林里也没有比它更厉害的了。

第三个对手既勇敢，动作又快，冲过去就给了主角一下子，主角用嘶哑的声音恶狠狠地吼了一声。

树枝上的雌琴鸡们伸长了脖子，看得很入神，内心也激动得很。啄啊！啄啊！这才是真正的战斗呢！也别管谁啄谁了，反正两只雄琴鸡都很拼命，结实的翅膀扑得啪啦乱响。忽然，它们一起摔在地上，向两个方向跑开了。年轻的那只，翅膀上的硬翎折断了两根，其他蓝色的羽毛杂乱地支棱着；年纪大的那只，火红的眉毛下流着血——一只眼睛被啄瞎了。

树上的雌琴鸡有点儿心神不宁了，到底是谁赢了？难道是小伙子打败了年老的？那小伙子倒是真漂亮啊！密密的羽毛闪着蓝光，尾巴上和翅膀上还有五彩斑斓的花斑。

瞧，这两只又打起来了，它们同时跳起，在空中扭作一团，摔倒在地，再分头跑开；再扭打，再跳起，再跑开。

突然，一声枪响响彻云霄。

云杉丛里冒出一团青烟，琴鸡的战斗骤然停止。树上的雌琴鸡伸着脖子发愣，斗士们也惶恐地扬起头。

怎么了？出了什么事儿？

好像也没什么，一切太太平平的。

表演场上什么生人也没有，只有那团烟。

马上，那些雄琴鸡就又投入了战斗，好戏又接着了。

只有树上的雌琴鸡看到：地面上有两具死尸，就是刚才那一老一小。难道它们俩都把对方打死了吗？不过表演还在继续，顾不上想这个问题了，雌琴鸡马上就把注意力又转回了正在进行的战斗中，它们关注的是今天哪只雄琴鸡能当上冠军。

太阳升到森林上空的时候，表演终于落幕了，观众们也全飞走了。这时，从云杉搭成的小棚子里走出了一个猎人。他拾起了躺在地上的老琴鸡和它年轻的对手。这会儿，两只琴鸡浑身是血——从头到脚都中了霰弹。

他穿过森林的时候，总是东张西望，生怕遇见什么人。原来，他今天做了两件亏心事：第一，他在法律所不允许的期间，开枪打死了琴鸡；第二，他打死了剧场的老台柱。

明天，森林空地上的表演估计不会再有了，因为主角死了。没有它，谁还来组织这种表演呢？

无线电通报（一）

呼叫！呼叫！东南西北请注意！

我们是《森林报》编辑部。今天，3月21日，我们和全国各地约定，举行一次无线电广播通报。东方！南方！西方！北方！请注意！苔原！森林！山丘！海洋！沙漠！都请注意！

请报告你们那里的情况，收到请回应！

● 这里是北极

今天是我们这儿的大节日——经过一个长长的冬天，太阳出来了！

第一天，太阳只露了一个头儿就不见了。过了两天，它又探出了半个脸儿！又过了两天，它才整个儿钻出来！

现在，我们总算可以过我们短暂的白天了，虽然从早到晚只有一个钟头！可这有什么关系呢？反正光明会越来越多！

我们的海洋和陆地上还覆盖着厚厚的冰雪，白熊也

在冰洞里开心地睡着。这里没有绿芽，四处都是冰雪。

● 这里是远东

我们这里的狗在冬眠后已经醒过来了。不！你没有听错——说的就是狗！你是不是以为任何地方的狗都不会冬眠呢？可是，我们这儿就有这么一种狗，个子小小的，腿短短的，棕色的毛又密又长。一到冬天，它们就钻到洞里去睡觉。它们的名字叫浣熊狗，因为它们长得很像美洲浣熊。

现在，南部沿海地区的人们开始捕捉一种扁扁的鱼，名叫比目鱼。在边区的丛林里，新出生的小老虎大概能睁眼了。

● 这里是雅马尔半岛

我们这里还是地地道道的冬天，丝毫看不见春天的气息。

一群群驯鹿正用蹄子扒开积雪、敲破冰块，寻找青苔吃。不过，乌鸦早晚会飞来的！我们也把那一天当作春天的开始，就像列宁格勒一样。可是，那得等到4月7日。

● 这里是高加索地区

在我们这里，春天是从低处开始的，然后才到高的地方。这不，山顶上还下着雪，山下的谷地里却下起了雨。小溪欢快地向前流着，花儿已经开了，树叶也舒展

了，青翠的颜色粘在阳光充足的南山坡上，一天天往山顶爬去。

鸟儿、小兽，都跟着这绿色向山顶移动，甚至连人都害怕的雪豹，也追着牡鹿、兔子、野绵羊，向山顶跑去了。

所有的东西都随着春天上山了！

● 这里是中亚细亚沙漠

我们这儿也在下雨，天气还不太热。到处都有小草从地下钻出来，连沙地上也不例外。真不知道，这么多草是从哪儿来的！

酣睡了一个冬天的动物也出来了。蜥蜴、蛇、土拨鼠、跳鼠……都从深深的洞穴里探出头来了。

天上，第一批客人也已经到了。有小小的沙漠莺、爱跳舞的鹟、各式各样的云雀……空中到处充满了它们的歌声。

February | 候鸟回乡月

动物们都活跃起来了

● 回乡的浪潮

4月，候鸟像汹涌的浪潮，从它们越冬的地方起飞，向着故乡迁徙。它们的飞行有着严格的规定，队伍整齐、秩序井然。

头一批动身的，是去年最后离开的那些——秃鼻乌鸦、椋鸟、云雀……而最晚飞来的，是那些身穿华丽服装的鸣禽。它们要等青草绿叶完全长出来之后才能回去。因为要是回得太早，在灰秃秃的大地和森林里就太显眼了，它们还找不到遮掩的东西来躲避敌人——那些猛兽和猛禽。

鸟类的海上长途返乡路线，正好经过城市和我们列宁格勒省的上方。我们叫它"波罗的海航空线"。

但不管怎样，候鸟们还是遵守着那套已经流传了几千年、几万年、几十万年的老规矩，一刻不停地飞回来了。它们沿着那条长长的飞行路线，向着家的方向飞行。这是一条漫长的旅途，一头是朦胧昏暗的北冰洋，一头是晴朗明丽的炎热地带。

天空中，回家的队伍多得没完没了，一队有一队的日程，一队有一队的队形。它们沿着非洲海岸，穿过地中海，经过比利牛斯半岛和比斯开湾，最后飞过北海和波罗的海。

一路上，有许多困难和灾难在等待着它们。浓雾像一堵堵乌黑的墙壁将这些羽族旅行者困在中央，它们在这昏暗潮湿的雾里迷失了方向，左冲右撞，在尖利的岩石上撞得粉身碎骨。

海上刮着猛烈的风暴，吹乱了它们的羽毛，打折了它们的翅膀，把它们吹到看不见的遥远的地方。成千上万的鸟儿死于饥寒交迫。况且，还有那些猛禽——雕、鹰、鹞……它们聚集在候鸟回乡的飞行路线上，不费什么力气就可以享用到几顿丰盛的野餐。

还有猎人，他们守在任何一个候鸟集中或歇息的地方，几百万只鸟死在他们的猎枪下。

可是，什么也挡不住这些羽族旅行者的脚步。它们穿过浓雾，冲破层层障碍，飞过1500千米的路程，只为飞回自己的故乡。

说到猎人，如果你打死了一只戴脚环的鸟，那么请把脚环取下来，寄到中央鸟类脚环局，并附一封信，写明这只鸟是什么时候，在什么地方被捕杀的。邮寄地址是：莫斯科，K19，赫尔岑承袭街6号。

如果你捉到一只戴脚环的鸟，那么请把它放生，并记录下脚环上的字母和号码，然后写一封信，把你的发现报告给中央鸟类脚环局。

如果不是你自己，是你的朋友或者其他捕鸟人打死或者抓住了戴脚环的鸟，那么也请你告诉他应该怎么做吧！

人们在鸟爪上套上了一种很轻的金属环（铝环）。环上的字母能说明是哪个国家或者哪个科学机构给这只鸟套上环的。字母后面的数字呢——在科学家的日记里有同样的一组数，说明是在什么时候、什么地方给这只鸟套上脚环的。

科学家就是利用这种方式来了解鸟类神秘的生活规律的。

比方说，如果在我们这儿——苏联遥远的北方，人们给鸟戴上脚环。而在非洲南部或者印度或者更远的某个地方，它被那个地方的人捉到，那个人就会把脚环取下，寄回苏联来。

不过，你不要以为所有的鸟儿都要飞到南方过冬：有的鸟儿要飞到西方去，有的飞到东方，有的甚至飞到北方去过冬！我们就是用戴脚环的方式探知到候鸟生活的秘密的。

● 还有谁醒过来了

柳树开花了。它那疙里疙瘩的灰绿色的枝条，被无数轻盈的嫩黄色小球遮得看不见了。现在看起来，它就像穿了件毛茸茸、轻飘飘的新外衣，一副喜气洋洋的模样。不过，高兴的可不止柳树，还有那些小昆虫。柳树开花了，它们的节日也到了。

瞧，在那漂亮的树丛周围，身体粗壮的雄蜂嗡嗡地飞着，寻找合适的蜜源。昏头昏脑的苍蝇无事忙地撞来撞去，不知道干什么。而精明强干的蜜蜂早就翻动着一根根纤细的雄蕊采集花粉了。还有各种各样的蝴蝶，它们扑扇着彩色的翅膀，把尖尖的吸管伸到花蕊中吸食着花蜜。

在这簇快活的树丛旁边，还有一棵柳树，它也开花儿了。可是，这些花儿完全是另外一种样子，就像一些蓬松的灰绿色小毛球儿，怪难看的！不过，柳树真正的种子却是在这棵树上结的！原来，昆虫们已经把黏糊糊的花粉从那些小黄球儿上搬到这些小毛球儿上来了。

榛子树还没有叶子，风在光秃秃的枝丫间穿来穿去，将挂在它们身上的浅咖啡色的荑蓁花序吹得晃来晃去。一股股轻烟般的黄色花粉冒出来，飞到了另一棵树上。在那儿，雌花粉红色的柱头会将这些花粉接住——它受精了。到了秋天，它们将变成一颗颗榛子。

森林里的积雪都融化了。在一棵云杉树下，我们找到了一个大蚂蚁窝，许多蚂蚁趴在土堆上晒太阳。经过一个长长的冬天，它们变得很虚弱，还得过几天才能重新开始干活儿。

在它们附近，扁扁的步行虫、圆圆的屎壳郎、磕头虫也都醒过来了。我们又可以看到磕头虫表演它那令人晕头转向的绝技了！你只要把它仰面朝天放在地上，它的头就会使劲儿一点，然后蹦起来，在空中翻个跟头，再稳稳地落在地上。

不远处，池塘也苏醒了。青蛙离开藏在淤泥里的床铺，从水里跳到岸上。在这儿之前，它已经产完卵了。这些卵一团一团漂在水里，上面尽是些小泡泡，每个小泡泡里都有一个圆圆的黑点儿。不久之后，它们就会变成小蝌蚪。癞蛤蟆也产了卵，不过这些卵和青蛙的卵不太一样，它们是用一条细带子连在一起的，一串一串地附着在水草上。

现在，我们还可以找到许多开花的植物，像三色堇、荠菜、蓼、欧洲野菊什么的。它们都是些坚强的花儿，从来不会躲起来过冬。它们总是挺直身子，顶着满头花蕾，勇敢地迎接冬天。等头上的白雪一融化，它们就醒过来了，花蕾也恢复了生气，一朵接一朵地绽开，在草丛中望着我们。可是，它们到底算不算是春花呢？我们也说不好。

发大水啦

春天不仅带来好消息，也捎来坏消息。因为雪融化得很快，河水开始泛滥，淹没了小河两岸，有些地方甚至发起了大水。

森林各处都传来了动物们遭殃的消息。在这些灾民中，最先倒霉的是兔子、鼹鼠、田鼠以及和它们一样住在地下或地面的小动物。大水速度极快，瞬间就冲毁了它们的住宅，小动物们没有办法，只好从家里逃出来！

每一只小动物都在积极地自救。小小的鼩鼱①逃出洞来，爬上了灌木丛，湿漉漉地坐在那儿，等着大水退去。它看上去可怜巴巴的，因为它饿得发慌呀！

大水冲过来的时候，鼹鼠还在家里，它急急忙忙地从地下爬出来，跳进水中，去寻找干燥的地方。鼹鼠可真是个出色的游泳专家。它游了好几十米，终于爬上了岸。它很庆幸，因为没有一只猛禽注意到它。要知道，它那油黑发亮的毛皮，真是太吸引那些猛禽的注意了。

---

❶鼩鼱：哺乳纲动物，体型细小、肢短，形状如鼠类，吻部尖长，绝大部分种类栖息于湿润地带。

上岸后，见到了土地，鼹鼠终于放下心来。它轻车熟路地挖了个洞钻了进去。

等等，树上是什么？一只兔子！

它怎么到那里去了？原来，这只兔子住在一条大河中的小岛上。它白天躲在灌木丛里，免得被狐狸或者人看见；夜里，它出来啃小白杨树的树皮。

只是这只兔子年纪还小，不大聪明。河水把许多冰块冲到小岛周围了，可它一点也没有注意到大水将至。

当河水把那些还没融化的冰块冲到小岛边上时，这个笨笨的小家伙正安安稳稳地躺在灌木丛里睡大觉呢，直到高涨的河水把它的皮毛浸湿了，它才醒过来。可这时，周围已经是一片汪洋了。

大水毫不犹豫地漫了上来，很快就漫过了它的脚背，这只兔子只好向岛中央逃去，那里还是干的。

河水涨得很快，小岛变得越来越小。这个倒霉蛋从岛的这一边窜到那一边，又从那一边窜到这一边，急得不知如何是好。不久之后，小岛就会被大水完全淹没，可它又不敢跳到河里。这么急的水，它根本游不过去！整整一天一夜，小兔子就这么哆哆嗦嗦地过去了。

第二天早上，小岛只剩下一小块地方露在水面上了。在那儿长着一棵大树，大树很粗壮，树杈很多。这只已经被吓坏了的小兔子开始绕着树干乱跑起来。又一天就这样过去了。

第三天，水已经涨到了大树跟前。兔子拼命地向树上跳去，希望抓住根树枝，可每次都会掉回河里。

一次、两次……终于，小兔子跳上了最低的那根粗树枝。幸运的是，水已经不再上涨了。

在这里，兔子并不担心会挨饿，因为大树的皮虽然又硬又苦，但总算可以入口。这时候最可怕的是风，它呼啸着卷过来，把大树吹得来回摇晃。这只可怜的小兔子几乎就要从树枝上掉下来了。它就像是一个爬上桅杆的水手，紧紧抱着树枝，脚下的枝条就好像帆船的横骨似的左右摇摆，下面奔流着湍急的河水。水面上，整棵的大树、树枝、动物的尸体，漂得哪儿都是。这只可怜虫吓得魂儿都掉了，因为它看见了自己的亲戚——一只死去的兔子顺着河水漂了过来，死兔子的脚挂在一根枯树枝上，肚皮朝天，四脚直伸。

在树上胆战心惊地待了三天，大水终于退了，小兔子这才敢下树。可是它还是无法回到岸上，只能继续在岛上等待，等待夏天来临。夏天来临了，河水就浅了，它才能安全地跑到岸上去。

这时候，在被大水淹没的草地上，一个渔夫正在水洼里撒网捕鱼。他划了一只小船，慢慢穿行，忽然发现，一棵灌木上有一只怪模怪样的棕黄色蘑菇。他还没搞清楚是怎么回事时，突然，那只蘑菇跳了起来，几下就跳到了他的船上。

原来这只"蘑菇"是一只小松鼠，它全身都湿透了，毛也乱蓬蓬的。渔夫赶紧把小松鼠送到岸边。松鼠一见到岸就立刻跳下船，蹦蹦跳跳地钻进树林里去了。谁也不知道它究竟在水中的灌木上待了多久。

比起这些小兽，发大水对鸟儿来说要好过些，但也并不是所有鸟都能幸免。这不，一只淡黄色的鹀鸟①刚在一条水渠边做好巢，生下几个蛋，大水就冲毁了它的巢，把蛋也冲走了。这个可怜的妈妈只好另找地方了。

还有沙锥，它在树上坐立不安，急等大水退去！

沙锥是一种鹬鸟，它长着长长的嘴巴，会把嘴巴插到软软的稀泥里寻找食物。它平时是住在林中的沼泽地里的，现在在树枝上这么蹲着简直就是折磨。就好比狗站在篱笆上一样，真难受！可是，它还是得待在那儿，离开了这片沼泽去哪儿？而且，别的地方都是其他同类的地盘，除了沼泽，它实在是没有别的地方可去了。

野鸭栖息在湖边的灌木丛后面。猎人穿着高腰雨靴小心翼翼地在水里移动着脚步—— 漫上了岸的湖水，已经没了他的膝盖。

突然，他听到正前方的灌木丛中传来一阵喧嚣声和泼水声，接着他看到了一个怪物的灰脊背，光溜溜的，在水里晃动。猎人没有多想，顺手就连开了两枪。这些霰弹就是用来打野鸭的。

灌木丛后面的水一阵翻腾，泛起一片泡沫，接着恢复了平静。猎人走过去查看，只见打死的不是野鸭，而是一条梭鱼，足有一米多长。

小动物的每个春天就是这样度过的。幸好，这样的日子不会太长。不久，它们就会迎来狂欢的5月。

①鹀（wú）鸟：雀形目鹀科鸟类，外形像麻雀，但嘴较雀科鸟类细弱，雄鸟羽毛的颜色较鲜艳，吃种子和昆虫。

我们钓鱼去

冬天天寒地冻，鱼儿没事可干，只好在水下睡觉。秋天一到，鲫鱼和冬穴鱼就钻到河底去了。小鲤鱼在水底的沙坑里过冬。鲟鱼在秋天的时候就会聚集到深河底部，准备过冬——那里就算到了冬天也冻不透。

现在，上面所说的那些鱼都已经醒过来了，它们开始匆匆忙忙地产卵——这正是钓鱼的好时候。

古时候，列宁格勒有个挺好笑的传统——猎人出发去打猎的时候，大家总是说："祝你连根鸟毛都打不着！①"但是，当渔夫出发去钓鱼的时候，人们却反着说："祝你钩钩都不落空！"

我们读者当中有不少是钓鱼爱好者。我们不仅要预祝他们钓鱼的时候钩钩不落空，还要给他们一些忠告和帮助，告诉他们：什么鱼，什么时候，在哪里比较容易上钩。

河水解冻之后，就能把食饵垂到河底钓山鲶鱼了。

---

❶ "祝你……"一句：这是古时候俄国人的迷信说法，怕说了吉利话会招鬼嫉妒而倒霉，所以故意对猎人说不吉利的话。

等到池塘里和湖里的冰全化掉之后，连铜色鲑鱼都能钓到了。这种鱼喜欢藏在岸边，经常躲在上一年残留的草丛里。再晚一些时候，就可以捕捉小鲤鱼了。

随着水越来越清，就可以用渔网捞大鱼，用钓钩钓小鱼了。

苏联著名的捕鱼专家库尼洛夫说过这样的话："钓鱼的人应该研究鱼的生活习性，在不同的时间、不同的天气下仔细观察分析。这样，他就会有的放矢，正确地选择钓鱼地点了。"

随着外面的水逐渐退去，河岸露出来了，水也慢慢地变得清澈起来，这时，就能钓到梭鱼、鲫鱼、鲤鱼和鳜鱼。

可以下钓钩的地方也很多：河流入口处和河汊子附近，还有浅滩和石滩旁，特别是在岸边那些被淹没的树丛或者灌木丛附近；另外，在缓缓流动的河流的狭窄地段、在跨河的桥下、小船或木筏上——不论河水深浅，都可以下钩。

库尼洛夫还说过："那种带鱼漂的钓竿很好用，能钓到各种各样的鱼。从早春到春天，无论在什么地方钓鱼都称手！"

从 5 月中旬起，就可以在池塘或者湖里用蚯蚓钓冬穴鱼了。再过些日子，还可以钓到斜齿鳊、鳜鱼和鲫鱼。最适合钓鱼的地方有：岸边的草丛旁、灌木旁和1.5~3米深的浅水滩。记住，不要总在一个地方下钩——如果鱼没上钩，就转移到另一丛灌木旁，或者芦苇丛、牛蒡丛的空隙间去。如果你喜欢在小船上钓鱼，那就更方便了。

在风平浪静的小河里，等到水一变清，就可以在岸边下钩钓各种鱼了。在风平浪静的地方，最适合钓鱼的地方是：陡峭一点儿的岸边，河中心有树丛的小坑里，岸边长出杂草和芦苇的小河湾上。

有时候，这种小河湾和树丛旁很难走过去——河岸泥泞不堪或者周围水流湍急。可是，如果能够设法踩着草墩或者穿着长靴走到这种岸边，在牛蒡丛或芦苇丛中甩下鱼饵，就可以钓到不少鳜鱼和斜齿鳊。

另外，在桥墩旁、小河口和水磨坊的堤岸上，经常会聚集成群的钓鱼者。在这些地方钓鱼，通常可以满载而归。

钓大鲤鱼的鱼饵是豌豆、蚯蚓和蚱蜢，把它们挂在带鱼漂的钓钩上，从岸上钓即可。有时候，也可以用特殊一点儿的钓竿。从5月中旬到9月中旬，都可以用不带鱼漂的钓竿钓鱼。

用这种方法钓淡水鳜，可以选择以下地点：大坑、河水转弯处的湍流旁，林中小河比较安静宽阔的水域（这种地方平静无缝，堆满了被风刮倒的树木）；岸边有许多灌木的深水潭；堤坝下和浅滩下。

有几种鲑鱼和鳜鱼，只能在浅滩和暗礁附近下钩。有几种小鲤鱼和一些个头中等的鱼类，要在离岸不远的急流中下钩，或者是在河底有许多砾石的天然水路中下钩。

林中大战（一）

冬木种族之间经常发生战争。为此，我们特别派出了几个通讯员，到前线去采访。

他们首先来到了老云杉的国家。

在这个国家，到处都显得阴森森的。那些老云杉战士笔直地站在那里，一言不发。

每个老云杉战士都有两根连在一起的电线杆那么高。它们的树干光溜溜的，偶尔有些弯曲的枯枝，从树干上伸出来。在距离地面很高的空中，它们那巨大的针叶树冠缠绕在一起，像一顶顶巨大的帐篷，遮住了整个国家。阳光根本没有办法穿透这层厚厚的帷幕。因此，这里的一切都是黑黝黝的，散发出一股潮湿、腐朽的气味。偶尔会有些绿色的小植物出现在地面上，但很快就会枯萎凋谢。

或许，只有苔藓和地衣对这个沉闷的国家感到满意，因为它们可以尽情地痛饮着它们主人的血液——树汁。

在这里，我们的通讯员没有遇到一只野兽，也没有

听到一只小鸟的歌声。他们只看见一只孤僻的猫头鹰，它是来这里躲避阳光的。

它被我们的通讯员吵醒了，竖起身上的羽毛，钩形的嘴巴里发出不满的叫声。

随后，我们的通讯员穿过密密的云杉丛，来到白桦树和白杨树的国度。无数白皮肤、绿卷发的白桦和银皮肤、蓬蓬头的白杨抖动着叶子，发出窸窸窣窣的声音欢迎着他们。

各种各样的鸟儿在树枝间跳跃、歌唱。阳光透过枝头的叶子倾泻下来，在地上印满明亮的黄色光圈。地上有许多矮小的草族，很明显，它们在主人的绿帐篷下生活得很惬意。野鼠、刺猬、兔子……各种各样的小动物在通讯员的脚下跑来跑去。风从树上刮过，惹起一阵阵喧哗。

这个国家的边界是一条大河，河边有一大片荒漠，那是树木被伐走后留下的印迹。过了这片荒漠，又是一片巨大的云杉群。

我们的通讯员知道，等森林里的雪完全融化掉，这片荒漠立即就会变成一个战场。原因其实也很简单，树木种族的居住地拥挤不堪，只要附近空出一点儿地方，它们之间的争夺战马上就会开始的。于是，我们的通讯员在河边搭了个帐篷，住了下来，准备做这场战争的见证人。

一个阳光灿烂的早晨，云杉首先发动了进攻。它们派出了大批空军，那是它们的种子。本来，这些种子是

藏在云杉的大球果里面的。现在，阳光的曝晒使这些球果发生了爆裂，一架架像小滑翔机一样的种子从裂开的球果中飞出来，随着风一路前行，直奔砍伐地。

每棵云杉上都有成百上千个球果，每个球果里又都藏着一百多架滑翔机，这支庞大的队伍在风的运送下，很快就把砍伐地全部占领了。

可是，早春的天气总是不太稳定。几天后，随着一场大风，天又冷了下来，好些小滑翔机都被冻死了。幸好，一场温暖的春雨及时赶到了。大地变得松软起来，收留了这批小小的移民。

就在云杉种族"大肆"占领砍伐地的时候，在河那边，白杨树那藏在毛茸茸的荑黄花序里的种子，才刚刚开始成熟。

随着夏天的临近，云杉族群的节日到了。所有的老云杉都换上节日的盛装，在它们墨绿色的树枝上，缀满了金黄色的花序。红色的蜡烛也在粗壮的枝干上点燃了，那是新球果。它们在悄悄准备明年的种子。那些埋在砍伐地里的种子，被暖和的春水一泡，也都膨胀起来，马上就会变成小树苗钻出来了。而这时，白桦树还没有一点儿动静。

我们的通讯员很肯定地认为，这片新大陆一定会被云杉完全占领，因为其他树木都已经错过了机会。至于结果会不会和他们预想的一样，还要等待进一步的观察。具体情况，在下一期的《森林报》上，我们会接着报道。

集体农庄生活

雪刚刚融化，集体农庄的庄员们就驾驶着拖拉机，到田里去了。拖拉机轰隆轰隆地响着，耕地、耙地，一刻也不停歇。它就这样任劳任怨，把一片片荒地变成万亩良田。

每辆拖拉机的后面，都跟着一大群黑里透蓝的秃鼻乌鸦。远一些的地方，白腰身的喜鹊也叽叽喳喳不肯散去。原来，那些被犁或耙从土里翻出来的甲虫和它们的幼虫，都是鸟儿们的好点心。

不久，地耕好了，也耙过了。拖拉机又开始拖着播种机在田里奔跑了。一粒粒饱满的种子均匀地从播种机里撒出来。

在我们这里，最先播下去的是亚麻，然后是娇气的小麦，紧接着是燕麦和大麦，这些都是春播作物。

至于秋播作物——黑麦和小麦，现在已经长到离地面好几厘米高了。它们都是去年秋天种上的。

每当黎明和黄昏来临的时候，在那片生机勃勃的绿丛中，就会发出一种吱吱的声音，仿佛有一辆看不见的

大车压过地面，又好像蟋蟀在大声鸣叫：

"切尔克、维克，切尔克、维克……"

这不是大车，也不是蟋蟀——这是一只美丽的"田公鸡"——灰山鹑在唱歌。它的样子很漂亮，浑身灰色，夹杂着一些白色的花斑，眉毛是鲜艳的红色，两只爪子是黄色的，两颊和颈部都是橘黄色的。

在这片绿丛的某个角落里，灰山鹑的妻子——雌灰山鹑——已经做好了巢，在等着灰山鹑回家呢。

草场已经变成了嫩绿色。黎明时，牧童们开始把牛群、羊群赶到那里。每天早上，集体农庄的孩子们都是在一阵阵马嘶声和牛羊的响亮叫声中醒来的。

有时候，在那些马背或是牛背上，人们可以看到一些奇怪的"骑士"，那是寒鸦和秃鼻乌鸦。它们紧贴在牛背或马背上，伸出尖尖的嘴巴不停地啄着，发出"笃笃笃"的声音。可是，那些牛或马并不会撵它们走，这是为什么呢？

原来，在牛、马的背上藏着许多牛虻或马虻的幼虫，另外还有苍蝇的卵，它们弄得这些大家伙很难受，而那些秃鼻乌鸦和寒鸦，就是帮它们啄食这些"吸血鬼"的。

又肥又壮的丸毛蜂嗡嗡地飞出来了；亮晶晶的、长着小细腰的黄蜂也飞舞着；小蜜蜂也该出生了吧。

集体农庄的庄员们把蜂房搬出来，放在养蜂场上。这些蜂房在地窖里放了整整一冬，现在该是用得着它们的时候了。长着金黄色翅膀的蜜蜂，从蜂房里爬出来，

在阳光下晒了一会儿太阳，等晒得暖和了，就伸伸翅膀，飞去采甜津津的花蜜。这可是今年第一次采蜜啊！

集体农庄的校园里，秋天就挖好了一些坑，也不知道是干什么用的。于是，这儿变成了青蛙的乐园。现在就连青蛙也明白了：这些坑是栽果树用的。

大车运来了许多果树苗，有苹果树、梨树、樱桃树，还有李子树。孩子们把它们搬下来，小心地栽到坑里，再浇上水。用不了多久，就有香甜的果子吃了，而那些先前栽下的果树，已经开花了。

开始干农活了，拖拉机依旧日夜不停地响着。这次，它们的目的地是江河和湖沼附近，它们要在那儿开出一片荒地。现在，跟在拖拉机后面走的，也不再是秃鼻乌鸦，而是一群群白色的鸥鸟，它们也爱吃土里的蚯蚓和甲虫。等到吃饱喝足，它们就会满意地飞回自己的家——位于果园附近的一所小房子。在那里，所有的房子都是一样的。不过，通过房门上的木牌，你可以很清楚地知道，哪个是椋鸟房，哪个是山雀屋。而那里的居民要做的，只是想法记住自己家的街道就行了。

在城市里

雪早就融化了，大地也解冻了。在城市里，人们迎来了第一个佳节——植树节。

在学校、公园、住宅区附近以及大路上，到处都是孩子们的身影。他们忙着做植树的准备。自然科学家试验站已经准备了好几万株云杉、白桦和槭树的树苗，分给各区的学校。

除了这些忙碌的人群，城市里还出现了许多新居民。首先是鸥，它们已经从农庄移居到这儿来了。城市里的吵闹和喧嚣对它们来说什么也不算。它们踱着从容的步子，从河道里捉小鱼吃。要是觉得累了，它们就会飞到铁皮房顶上休息一会儿。

大街上，蝙蝠也开始了每夜的巡逻。它们丝毫不理会路上的行人，只顾忙着追捕那些蚊虫和苍蝇。当然，叮人的蚊虫也出来了。还有燕子，它们也飞回来了。在列宁格勒有三种燕子：一种是家燕，它长着剪刀似的长尾巴，脖子上还生着一个火红的斑点；一种是金腰燕，它的尾巴要短得多，咽喉上披着一片白羽毛；还有一种

是灰沙燕，个子小小的，套着褐色的外衣，不过胸脯是白色的。

5月5日清晨，郊外公园附近的人们听到了第一声"布谷！"

一星期后一个宁静的晚上，忽然有什么东西在灌木丛中唱起来。那声音是那么清脆、那么动听。起初，这声音很轻，随后越来越响，最后干脆大声啼叫起来，一声高似一声，一声紧似一声。这时候，大伙儿都听明白了：是夜莺在唱歌。

城市的春天终于到了！

March | 唱歌舞蹈月

森林里的狂欢

5月，所有的鸟儿都开始唱歌。无论白天还是黑夜，到处都能听到婉转的莺啼声。

孩子们觉得很奇怪，它们什么时候睡觉呢？告诉你吧，在春天，鸟儿是没工夫睡大觉的！它们每次只睡短短的一小会儿，然后就接着唱。唱累了又打个盹儿，醒来后，再唱一场。

在清晨和黄昏，加入这支队伍的就更多了，不光是鸟，森林里所有的动物都在唱歌奏乐。

它们各唱各的曲，各拉各的调，各用各的乐器，各有各的唱法。

燕雀和莺展开歌喉，用清脆、纯净的嗓音表演独唱；甲虫和蚱蜢拍动翅膀，吱吱咯咯地拉着提琴；啄木鸟轻轻地敲着鼓，它们那结实的长嘴巴，就是顶好的鼓槌；黄鸟和白眉鸫尖声尖气地吹着笛子；牡鹿咳嗽着；狼嗥叫着；猫头鹰哼哼着；丸花蜂和蜜蜂嗡嗡地响着；青蛙咕噜咕噜地吵一阵儿，又呱呱呱地叫一通。即使那些没有一副好歌喉的动物，也不觉得难为情，它们总能

按照自己的爱好来选择乐器。

夜深了，莺在打盹儿。突然，从什么地方传来一阵低沉的琴声。开始的时候很小，后来越来越响，汇成一曲宏大的交响乐。

过了好久，这声音才渐渐低下来，可它还没有完全消失，林子里又传出一阵狂笑："哈哈哈……"紧接着，好像有谁在给留声机上发条："特尔尔、特尔尔……"这都是哪些音乐家啊？

别着急，咱们一个一个说。

那弹低音琴的，应该是金龟子。而那哈哈大笑的，是猫头鹰。它的声音真的很难听，可你拿它有什么办法？至于给留声机上发条的，是蚊母鸟。它当然不会有什么留声机，那声音是从它的喉咙里发出来的，它把这当成唱歌了。

这些鸟兽为什么这么做呢？我们可没法解释，也许是因为高兴吧。

除了唱歌的，还有跳舞的。你看，灰鹤已经在沼泽地上开起了舞会。它们围成一圈，中间只留下一两只，那都是这个队伍中的佼佼者、森林里著名的舞蹈家。起初它们只是做一些热身动作，只能看见两条长腿不紧不慢地踱着步子。渐渐地，就越来越起劲了，到最后索性大跳、特跳起来。那些奇形怪状的花哨步子，简直把人逗死了！什么转圈儿呀、蹿高呀，甚至还有半蹲，活像踩着高跷跳俄罗斯舞！

站在周围的那些灰鹤，刚开始只是挥舞着翅膀打拍子，一下一下，不快也不慢，看起来很悠闲。可随着舞会越来越热闹，它们也忍不住了，干脆都加入了跳舞的队伍，一起狂欢！

这时，空中舞会也开始了，主角是游隼①。它们扇动着巨大的翅膀，一直飞到了白云边，在那儿开始回旋、舞蹈。

有时候，它们会突然把翅膀收起来，头朝下从半空中冲下来，眼看快到地面了，这才把翅膀张开，打个大盘旋，又向上飞去。有时候，它们又像得了什么怪病，张着翅膀停在半空，一动也不动，就好像有一根线将它们挂在了云彩上。还有的时候，它们干脆翻起跟头，从半空中一路向下，直到快贴到地面了，才一个转身，飞上高空。这哪儿是跳舞呀？根本就是做游戏嘛！

① 游隼（sǔn）：隼科隼形目鸟类，体型较大，性情凶猛，主要捕食野鸭、鸥、乌鸦和鸡类等中小型鸟类，偶尔也捕食鼠类和野兔等小型哺乳动物。

林中大战（二）

我们还记得砍伐地的通讯员告诉过我们什么吗？他们一直住在那里，等待着小云杉从土里钻出来，将那片荒漠变成绿洲。

正如他们所料，几场春雨过后，砍伐地变绿了！可是，从土里钻出来的是什么呀！

根本不是小云杉！不知从哪儿来了一批蛮不讲理的莎草和拂子茅，竟然抢在小云杉前头生根发芽了！它们长得又快又密，虽然每一株小云杉都在拼命地从土里往外钻，但还是晚了一步，砍伐地全部被这些野草大军占领了！

小云杉怎么能让步呢？这可是它们从去年就选好的根据地呀！于是，第一场大战开始了！

小云杉伸出像长矛一样锋利的树梢，使劲儿拨开头顶上密密麻麻的杂草，可那些草族也不肯退让，它们拼命往小云杉的身上压去。

地面上在大打出手，地底下也在大打出手。

那些野草的根又柔韧又结实，就像细铁丝一样！它

们紧紧地缠着、掐着，无数小云杉在地下就被勒死了，甚至没有机会看看春天的太阳。还有些小云杉好不容易挣脱野草的围攻，钻出地面，可立刻就被草茎紧紧地缠住，也死去了。

但是不管怎样，最后，还是有许多小云杉冲出了野草大军的包围圈，来到地面上。

当砍伐地的斗争进行得正激烈的时候，河岸那边，白杨树刚刚开花。可是，它们已经做好了远征的准备——它们要在河对岸登陆。

它们的葇荑花序张开了，每个花序里都飞出来几百个独脚小伞兵，那是它们的种子。每个小伞兵的头上都顶着一顶白色的小降落伞。风兴致勃勃地抓住它们那一撮刷毛，它们就随着风在空中转呀转呀，转过了大河，转到了砍伐地。它们像雪花一样，飘飘扬扬落在小云杉和野草的头上。

伴随着一场春雨，它们被冲了下去，埋在泥土里。于是它们暂时失去了踪迹。

时间一天天过去，砍伐地上的战争还在继续。不过，现在谁都能够看得出来，野草已经不是小云杉的对手了！它们虽然拼命挺直腰杆，但过不了多久，它们就停止了生长。而小云杉呢，它们还在不停地长高。

这样一来，野草的日子可就不好过啦。小云杉把它们那又大又暗的，宽如帐篷的针状枝叶，伸展到野草的头上，抢走了野草的阳光。野草很快便衰弱下来，软绵绵地瘫在地面上。

这时，另一支队伍从土里钻出来了，是小白杨！

它们是一簇簇钻到世界上来的，它们显得慌里慌张，大家拥挤在一起。可它们来晚了，没有足够的力量对付小云杉了。

小云杉把它们黑黝黝的针叶树枝伸到小白杨的头上，小白杨只能蜷缩在小云杉的阴影里，很快便枯萎死去了。白杨是非常喜欢阳光的植物，一旦失去太阳的照耀就不能活命。

小云杉胜利了！等等！又一批小伞兵在砍伐地登陆了——是白桦的种子！它们是乘着两只翅膀的小滑翔机来的。

它们能不能战胜小云杉呢？在下一期《森林报》上，我们将刊登它们的报道。

到北方去打猎

我们的国家疆域辽阔。在列宁格勒，春天打猎的季节早就过去了，可是在北方，河水刚刚泛滥，正是打猎的好时候。因此，有很多猎人都会赶到北方去打猎。

天空中布满了乌云，今天的夜就像秋夜一样黑。我和塞索伊奇划着小船，在林中的小河里缓缓地前进。这条河的两岸又高又陡。

塞索伊奇是个出色的猎人，能打各种飞禽走兽。不过他不喜欢捕鱼，甚至有些瞧不起钓鱼的人。所以，今天我们虽然也是去捕鱼，可是他却一口咬定他是去"猎鱼"的。他不用鱼钩钓，不用渔网捞，也不用什么别的渔具捕鱼。

很快，小船穿过小河，我们来到广阔的泛滥地区。周围尽是些灌木，灌木的梢头耸出在水外。再往前走，只能依稀看见模糊的树影。过了这一段，就是黑乎乎的森林了。

夏天的时候，这里的一条小河和一个不很大的湖之间，仅隔着一条窄窄的河岸，河岸两边长满了灌木。湖和小河之间有一条窄窄的水道可以通过。不过，我们现在不用费心去找那条通道，因为周围水很深，小船可以很自由地在灌木丛中穿行。

船头有一块铁板，上面堆着许多枯树枝。塞索伊奇擦了一根火柴，点燃了篝火。篝火发出红黄色的光，照亮了周围的水面，也照亮了光秃秃的灌木丛。不过，现在可没工夫四处张望，我们只是注视下面，注视着被火光照亮了的水的深处。我轻轻地划着桨，小船静静地前进着。我们已经来到了大湖，再往前就是森林了。在我的眼前，出现了一个奇幻的世界。

湖底好像隐藏着无数高大的巨人，他们只露出头顶，乱蓬蓬的长发无声无息地漂动着，究竟是水藻还是水草呢？

瞧，这原来是一个深不见底的水潭。或许并没有想象中那么深，因为湖面上一片昏暗，而火光只能照到水下两米深的地方。这黑咕隆咚的深潭里，究竟藏着什么东西呢？

我正在瞎想，一个银色的小球突然从水里浮上来。它起初上升得很慢，后来上升得越来越快，个头也越来越大，眼看就要冲出水面，碰到我的眼睛了，我不由得缩了一下头。就在这时，它炸开了，原来只是个普通的沼气泡。

这时的我，就好像坐在飞艇上，在一个陌生的星球上空飞行。

许多岛屿从下面滑过，岛上长满了茂密、挺直的树

木。是芦苇吗？一个黑黢黢的怪物，把它那弯弯的手臂向我们伸过来，就像是一只巨大的章鱼，也像乌贼，不过它比它们的触须更多一些，样子也更难看，更吓人。这到底是什么东西呢？我仔细看了看，哦，原来是一棵淹没在水里的白柳残株。

这时，我被塞索伊奇的动作吸引了过去。

他从船头站起来，用左手举着鱼叉——他是左撇子。他眼睛炯炯有神地注视着水里。他的样子威武极了，好像一个满脸胡须的矮个子军人正擎起长矛，要刺死跪在他脚下的敌人。鱼叉有两米长，下面一头是五个闪闪发亮的钢齿，每个钢齿上还有倒齿。

塞索伊奇的脸被篝火映照得通红，他转过头，朝我做了个鬼脸。我把小船停住了。

塞索伊奇小心翼翼地把鱼叉伸到水里，顺着他的目光，我看见水深处有个笔直的黑长条儿。起初我以为那不过是根棍子，后来才瞧清楚，原来是条大鱼的脊背。塞索伊奇把鱼叉斜对着那条鱼，慢慢地向更深处伸去。突然，他猛地一戳，鱼叉刺进了大鱼的脊背。湖水翻腾起来，塞索伊奇拽回鱼叉，上面扎着条大鲤鱼，足足有2千克重，还在不停地挣扎！塞索伊奇把它弄下来，扔到船艄里。

我们划着小船继续前进。不一会儿，我就发现了一条不算大的鲈鱼。它钻进水底的灌木丛里，一动也不动，好像在深思着什么。

这条鲈鱼离水面很近，我甚至连它身上的黑条纹都

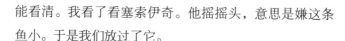

能看清。我看了看塞索伊奇。他摇摇头，意思是嫌这条鱼小。于是我们放过了它。

我们绕着湖面划了一圈。

水底世界的迷人景色，一幕一幕从我的眼前浮过。塞索伊奇已经"猎"到了好几条大鱼，我还是舍不得把视线从眼前的美景上移开。

我们又发现了一条鲤鱼、两大大鲈鱼和两条长着细鳞的金色鲤鱼。它们都从湖底游进我们的小船底。

黑夜快过去的时候，我们的小船来到了田里。一根根烧得通红的树枝掉在水里，嘶嘶地响着。

偶尔可以听见野鸭扑打翅膀的声音。一只小猫头鹰躲在黑黝黝的树枝深处，不停地叫着，好像在告诉人们："斯普留[1]！斯普留！"有一只小水鸭在灌木丛后面唧唧地叫着，叫声还挺动听的。

我看见船头有一根短木头，就把小船往旁边一拐，免得撞上它。这时，塞索伊奇忽然低声叫起来："停……梭鱼……停！"他兴奋得连说话都带"嘶嘶"声了。

我把小船停了下来。

鱼叉柄的上端拴着一根绳子。塞索伊奇手疾眼快地把绳子缠在自己的手上，瞄准了半天，终于举起鱼叉，使出浑身的力气猛地插了下去！

后来这条鱼竟然拖着我们走了好一会儿！幸亏鱼叉

---

❶斯普留：俄文"我要睡觉"的意思。

刺得很深，它没法逃脱。

"它足足有7千克重！"塞索伊奇兴奋得声音都有些发抖。

他费了好大的劲才把它拖上船。这时，天已经亮了。琴鸡"唧唧咕咕"的叫声透过薄雾传到了我们的耳朵里。

"好了！"塞索伊奇高兴地说，"现在我来划船。"于是，我们调换了位置。"你拿好枪，可别错过机会！"塞索伊奇嘱咐我。

凉爽的晨风很快驱散了薄雾。天空变得明朗起来。这是一个美丽的、晴朗的早晨。

此时，一层绿色的薄雾正笼罩着森林的边缘，我们沿着林边继续划船。

水里伸出了一些光滑的白桦树干，还有一些粗糙的黑云杉树干。我们眺望远方，树林好像吊在半空中似的。往远处看，有两片树林浮动在眼前：一片树林树梢全部朝上，一片则全部朝下。镜子般的水面，奇妙地荡漾着，倒映着一根根白色树干和黑色树干，照碎了、摇散了千万根细树枝。

"准备……"塞索伊奇低声预告说。

我们沿着这片银光闪闪的水上"林中空地"，划到了桦树林边。在光秃秃的树枝上，栖息着一群琴鸡。奇怪的是，这些又大又重的琴鸡怎么就没把那些纤细的树枝压断呢？

琴鸡的身体结实，小脑袋，长尾巴，尾巴尖上好像拖着两根辫子，在明亮的天空中，乌黑的身体显得格外明显。我们已经离它们很近了，塞索伊奇小心地划着船。为了不把这些容易受惊的鸟儿吓跑，我不慌不忙地端起了双筒枪。

那群琴鸡转过脑袋看着我们，它们一定在奇怪：这漂在水上的是什么东西，有没有危险？

鸟的思想是迟钝的。现在离我们最近的一只琴鸡，距离我们只有50步了。它正心慌意乱地把小脑袋转来转去，大概是在想：万一有什么意外的话，我应该往哪儿飞呢？

它跳着两脚，缩上又踏下。纤细的树枝被它压得弯了下来。为了保持身体平衡，它惊慌地扇动着翅膀。不过，它看到其他伙伴都待在那儿不动，也就放下心来。

我端起了枪，"轰隆"一声枪响，一直在水面上向树林荡漾过去，就像碰到墙壁似的，传过来一阵回响。

琴鸡扑通一声掉进水里，溅起了一片水花，水波在日光的照耀下显得七彩斑斓。剩下的那些家伙们慌了，急急忙忙扑打翅膀飞走了。我急忙向飞起的一只琴鸡开了第二枪，可惜没打中。

"一早就打到这么一只羽毛紧密的大家伙，已经很不错了！"塞索伊奇向我表示祝贺。

我们捞起那只湿淋淋的琴鸡，不慌不忙地往回划去。

太阳已经升起来了。一群燕雀从空中掠过，发出欢快的鸣叫。

April | 鸟儿筑巢月

各有各的住处

6月，蔷薇花开，森林迎来了新生的月份！一年中最长的一天——6月22日——夏至来到了。所有的花儿都换上了太阳的颜色——金凤花、立金花、毛茛……把草地染得一片金黄。就像民谚说的："夏天的头顶已经从篱笆缝里露出来了！"

所有的鸟儿都有了自己的巢，所有的巢里都有了蛋——白色的、浅灰色的、粉红色的……过不了多久，那些娇弱的小生命就会从薄薄的蛋壳里钻出来了！

现在，整个森林都住满了居民。地面上、地底下、水面上、水底下、树枝上、树干上、草丛里，没有一块地方是空的！

盖在半空中的，是黄鹂的住宅。它们用大麻、草茎和毛发，编成一个轻巧的小篮子，挂在白桦树枝上。盖在草丛里的，有百灵、林鹨、鸦……我们顶喜欢的是篱莺的住宅。它是用许多干草和干苔搭成的，上面有个棚顶，旁边还开了个小门。

住进树洞里的，是鼯鼠、小蠹虫、啄木鸟、山雀、

猫头鹰……钻入地底下的，是鼹鼠、田鼠、獾……

这么多的住宅，谁的最好呢？我们想确定一下，却发现这并不是一件容易的事儿。

雕的巢最大，是用粗树枝搭成的，架在又粗又高的松树上，看上去十分坚固。

黄脑袋戴菊鸟的巢最小，只有小拳头那么大！这是因为它的身子比蜻蜓还小！

田鼠的房子建得最巧妙，看上去就像一座迷宫，有许许多多的门：前门、后门、逃生门。不管你有多大能耐，要想在它的家里捉住它，那基本是不可能的！

最漂亮的房子属于反舌鸟。虽然它把自己的小房子建在高高的白桦树枝上，但我们还是一眼就能看得到。因为它用苔藓和比较轻的白桦树皮来装修。它还从一个别墅的花园里弄来了五颜六色的纸片，都贴到房子上，装修得可真好看。

卷叶象鼻虫的住宅最精致，它把白桦树叶的叶脉咬掉，再卷成筒，用唾液粘牢，就成了一个温暖的家！

欧洲莺的住宅最简单，树底下的枯叶堆、小土坑就是它们的家。

长尾巴山雀的住宅最舒服！它们的巢，里层是用绒毛、羽毛和兽毛编成的，外面再贴上一层苔藓。

最方便的小房子是河樏子幼虫的。河樏子是一种长着翅膀的昆虫。它们落地的时候，就把翅膀收起来，放在自己的背上，就像穿着一件合体的大衣。而河樏子的幼虫是没有翅膀的，全身光溜溜的，没有任何可以提供

保护的东西，所以它们通常生活在小河和小溪的底部。河榧子的幼虫常常会去找寻和自己的背差不多长短的细树枝，或者一小截芦苇，然后把一个用泥土做的小管子粘在上面，这样一间简易房就做好了。这该有多么方便：全身都躲在小管子里，安安静静地睡觉，谁也看不到它；想搬家的时候也简单，只要伸出前脚，背着小房子换个地方就可以了。这小房子可真是轻便得很呢！

最奇怪的房子是银色水蜘蛛的。它在水草间用自己的蛛丝织了一个倒挂的杯形窝，再用毛茸茸的肚皮带来一些气泡灌在里面。银色水蜘蛛就住在这种有空气的小房子里。

不过，并不是所有的小动物都这么用心地建造自己的房子。还有一些笨家伙和懒家伙！

黑勾嘴鹬找到一个旧乌鸦巢，在那里孵起小黑勾嘴鹬来。

杜鹃呢，它不会造房子，就干脆把蛋下在知更鸟、黑头莺或其他会做巢的鸟儿的窝里。

船碉鱼非常喜欢水底沙岸壁上被废弃的虾洞，当洞的主人离开后，船碉鱼就不紧不慢地在里面产卵。

有一只麻雀，它的做法就很狡猾了。

开始的时候，它把家安在了一个人类的屋檐下，不幸的是，它被男孩子捣毁了。后来，它又在树洞里造了个巢，可是伶鼬把它所有的蛋都给偷走了。

于是，麻雀就把巢造在雕的大房子里。雕的房子建在粗大的树枝之间，麻雀把它的家安在这些粗树枝之间的缝隙里，一点儿都不占地方，而且又安全又宽敞。

现在，麻雀可以自在地过日子了，再也不用担心有人来搞破坏。而且，大雕根本不会在意它有这么小的一个邻居。至于那些伶鼬、猫儿、老鹰，甚至是男孩子，也不敢再破坏它的巢了，因为谁不怕勇猛的大雕啊？

再说说懒惰又狡猾的狐狸。这几天，狐狸家出事了！天花板塌下来，差点儿把一窝小狐狸全都给压死！这下子，非搬家不可了！

可是，想找个合适的家并不那么容易。狐狸琢磨了一圈，最后跑到獾的家。

獾是个出色的建筑师，它的家建在土坡下。这个家可是獾辛辛苦苦挖出来的。出口东一个西一个，岔道横一条竖一条，这都是为了防备敌人来袭时逃生用的。

狐狸央求獾分一间屋子给它住，却被獾一口回绝了。你想，獾是个细心的当家人，哪儿脏一点儿它都受不了，又怎么能让一个带着许多孩子的人家住进来呢？

狐狸生气了："好哇，等着瞧吧！"

它假装朝树林走去，其实却偷偷躲到灌木丛里，盯着獾的门口。

好一会儿，獾探出头，四下看了好久，确定狐狸走了，便从洞里钻出来，到树林里去找蜗牛吃。

狐狸一溜烟跑进獾洞，把屋子弄得乱七八糟，又在地上拉了一堆屎，这才溜之大吉。

獾回到家后一看，大吃一惊！只好气呼呼地搬走了。狐狸则不费吹灰之力便为自己找了个舒服的新家！

奇妙的绿色朋友

池塘里已经长满了浮萍。有人说那是苔草。其实苔草和浮萍根本不一样,它们有各自的特点。浮萍和一般的植物不太一样,它是一种很有趣的植物。它的根非常细小,还长着一些小绿片儿,浮在水面上,绿片儿上凸起来一个椭圆形的东西——这就是它的茎和枝,形状像小烧饼似的。浮萍没有叶子,有时候也会开几朵花,但只是有时候,更多的时候它是不开花的。不过,它也用不着开花,因为繁殖起来又快又简单。只要从小烧饼茎上脱落下一根小烧饼枝儿,这一棵就变成两棵了。

浮萍的日子过得可真不错,自由自在,走到哪里,哪里就是它的家,没有什么能阻拦和束缚它们飘逸的脚步。当野鸭游过它身边时,它就挂在野鸭的脚蹼上,跟随野鸭从一个池塘飞到另一个池塘去。

在草场和树林的空地上,开满了紫红色的矢车菊。一看见它,人们总能想起伏牛花。因为它也像矢车菊一样,会变小小的戏法。

矢车菊和玫瑰、百合这些花不一样。它的花不是一朵朵的构造简单的花,而是由许多小花组成的花序。它上面那些蓬松的、像犄角一样的漂亮小花,其实只是一些不结子的空花。真正的花在中间,是一些暗红色的细管子。这种细管子里面,有一株雌蕊和几株会变戏法的雄蕊。

这些紫红色的小管子只要被你碰到,就会往旁边一歪,上面的小孔里就会喷出一股花粉来。过了一小会儿,你再碰它,它又会一歪,又喷出花粉来。

瞧,就是这么一套戏法!

这些花粉可不能浪费。它对每一种昆虫的需求都有求必应。每逢昆虫向它提出请求时,它就会给一点。"拿去吧!吃吧!沾在身上也行,只要多少带点儿到另一朵矢车菊上面就行了。"

牧草抱怨说:人类欺负它们。牧草们刚刚含苞待放,准备开花结果,有的已经开花了,白色的像羽毛一样的柱头已经从小穗里长出来了,沉甸甸的花粉就挂在纤细的丝线般的花茎上。突然,来了一群人,他们推着割草机,把所有的牧草都割下来,而且是齐根割下。现在牧草们是开不成花了,无奈的它们只好又重新长呀、长呀。

从前,我们的森林很大很大,无边无际的。

可是,以前森林懒散的主人——地主,并不知道爱惜它们,抚慰它们。他们毫无限制地砍伐树木,滥用土地。

现在,那些森林被砍光的地方,出现了大片沙漠和

峡谷。

　　农田周围没有了森林，干燥的热风就会从遥远的沙漠刮过来，向农田进攻。火热的沙子把田地埋没，把庄稼烧死，谁也救不了它们。

　　江河、池塘和湖泊的岸边没有了森林，水域就会干涸，峡谷就会向农田发动攻击。

　　人民赶走了那些不中用的人——地主阶级，亲手来掌管自己的财富了。人们开始向干燥的热风、旱灾和峡谷宣战了。

　　人们的主要朋友和助手就是绿色的森林。

　　哪里的江河湖泊裸露在太阳的热光下面了，我们就把森林派过去，保护它们。魁梧的森林挺起自己高大伟岸的胸膛，用茂密的树冠遮住江河湖泊，不让太阳烘烤它们。

　　哪里有广阔的田野遭受了远方沙漠吹来的热沙的袭击，把耕地掩埋起来，我们就在哪里培育森林。伟岸的森林挺直了腰板，迎着狠毒的热风，像一堵不可穿透的铜墙铁壁，把农田保护起来。

　　哪里的土地向下塌陷，峡谷迅速扩大，吞噬着我们农田的边缘，我们就在哪里造。绿色的朋友——森林，用它强有力的巨大根茎紧紧抓住土地，阻挡到处乱爬的峡谷，不给它们啃食我们的大地的机会。

　　目前，征服旱灾的战斗正在进行中。

林中大战（三）

还记得砍伐地上那些小白桦吗？它们的命运和那些草族、小白杨差不多，都被小云杉欺负死了。

现在，云杉成了那片砍伐地上的霸主。我们的通讯员卷起帐篷，搬到了另外一块砍伐地。早在一年前，这片砍伐地的成员已经经历过那样的战争了。

在那里，我们的通讯员看到的是战争开始后第二年发生的情况。令人惊讶的是，那里一棵小云杉也没有！原来，那些小云杉虽然看起来很强大，却有两个致命的弱点。第一，它们扎在土里的根虽然伸得很远，却并不深。秋天，狂风怒号，将许多小云杉连根拔了起来。第二，当云杉还是幼苗的时候，身体还没有那么强壮，冬天的寒风很容易就把它们冻死了。就这样，到了春天，在那片曾被云杉征服的土地上，连一棵小云杉都没有了。

而那些老云杉战士呢？云杉并不是每年都能收获种子，于是，虽然云杉快速地取得了胜利，但是这胜利并没有好好地巩固。很长一段时间内，它们丧失了战斗力，不能继续统治这块地了。

　　狂热的草族呢？第二年春天刚刚来临，它们就从地下钻出来，立刻又投入新的战争。

　　这一次，交战的双方是草族和小白杨、小白桦。

　　可是，小白杨和小白桦都已经长高了，它们不费什么劲儿就从身上抖落那些细细而有弹力的野草。野草紧密地包围着它们，反而对它们有好处。去年的枯草，像一层厚厚的地毯似的盖在地上，它们腐烂后产生热量，让小白杨、小白桦更温暖。而新出生的青草，把刚长出来的树的幼苗保护起来，让它们免受早霜的侵害。

　　瘦弱的野草怎么也赶不上小白杨和小白桦的生长速度。它落在后面了，可是，它刚刚落后一点点，就被小树盖住，再也不见天日了。

　　每一棵小树长到比草高之后，立刻就把自己的树枝展开，把草盖起来。虽然小白杨和小白桦都没有云杉那种又浓又密的针叶。不过，这也没关系，它们有那种很宽的树叶，树荫很大，照样能挡住阳光。

　　如果小树长得稀疏，草种族还能忍受。可小白杨和小白桦在草地上都是密集成群地生长。它们很团结，互相伸出手臂连接在一起，靠得很近，宛如一个密不透风的帐篷。草种族在地下，整日不见阳光，很快就死了。

　　没过多久，我们的通讯员就看见了结果——开战后的第二年，胜利属于小白杨和小白桦。

　　于是，我们的通讯员又去了第三块砍伐地。

　　他在那儿又发现了什么情况呢？在下一期《森林报》上，我们将为您详细报道。

祝你钩钩不落空

● 钓鱼

夏天，大风和暴雨把鱼赶到避风的地方去了，像深坑呀、草丛呀、芦苇丛呀，等等。如果这样的天气持续几天，那么所有的鱼都会游到最僻静的地方去，变得无精打采，就算是给它们鱼食，它们也不愿意吃。

天热的时候，鱼就会寻找凉爽的地方，比如有泉眼的地方。

在那里，泉水从地下向上冒，把周围的水弄凉。因此，在天气炎热的夏天，只有早晨凉爽和晚上暑气消散的时候，鱼儿才会上钩。

夏天干旱的时候，河水和湖水的水位很低，鱼儿就会躲进深坑里去。但是坑里的食物很少。所以，你要是想多钓到一些鱼，就必须找到一个这样的深坑，用鱼饵钓鱼，就更需要了。

麻油饼是最好的鱼饵，用平底锅煎一下，捣烂之后，与煮烂的麦粒、米粒或豆子和在一起，或者撒在荞麦粥、燕麦粥里。这样，鱼饵就会散发出新鲜的麻油

味。鲫鱼、鲤鱼和许多别的鱼都非常喜欢这个味道。要每天不间断地喂它们，让它们对一个地方习惯了，过几天，那些肉食鱼——像鲈鱼、梭鱼、刺鱼、海马什么的，就会跟着它们游过来。

阵雨或者雷雨会促使水温变低，大大刺激鱼儿的食欲。下雾过后，或者天气晴朗的时候，鱼儿也是很容易上钩的。

根据晴雨计、鱼儿上钩的情况、云彩、夜雾和露水，谁都能学会预测天气的变化。那些鲜明的紫红色霞光，说明空气里的水蒸气很多——可能要下雨了；金粉色的霞光则正相反，说明空气很干燥，也就是说，最近几个小时都不会下雨。

通常，人们都是用带鱼漂和不带鱼漂的普通鱼竿钓鱼。当然，也可以利用绞竿钓鱼。除这些方法外，还可以乘着小船一边划船一边钓鱼。用这种方法，首先要预备好一根结实的长绳子（约50米长），在用手拉的地方接一段钢丝或牛筋，再预备一条假鱼。把假鱼拴在绳子上，拖在小船后面25~50米远。小船上得坐两个人，一个人划船，另一个控制绳子。把假鱼拖在水底或者水中间走。肉食鱼——像鲈鱼、梭鱼、刺鱼，看见有一条鱼在自己头上游，就会立刻扑上去吞掉它，于是就扯动了绳子。渔夫立刻就知道有鱼儿上钩了，慢慢拉紧绳子，就把鱼儿钓上来了。用这个方法，总是能钓到个头很大的鱼。

在湖里运动着钓鱼，最合适的地方是悬崖峭壁下的

深坑里。深坑周围杂乱地堆着被风刮倒的树木或者长满了灌木丛，还有水面宽阔的芦苇丛中。

在河里钓鱼，得沿着陡岸划船，或者沿着水深而平静的、水面宽阔的地方划船；或者在石滩和浅滩上面或者下面划船。

用假鱼钓鱼的时候，小船就要慢慢地划，尤其是风平浪静的天气。因为在这种条件下，就算隔得很远，桨轻轻地划着水面的声音，鱼儿也能听到。

● 捉虾

5月、6月、7月、8月是捉虾最好的时候。

捉虾的人通常用的饵食有：小块的臭肉、死鱼、死蛤蟆什么的。趁虾晚上从虾洞里出来，在水底溜达寻食的时候捉它（虾只在逃走的时候，才后退着走）。

把饵食系在虾网上。虾网固定在两个直径30~40厘米的木箍或者铁丝箍上。为了防止虾一进网就把网内的腐肉拖走。要用细绳把虾网系在长竿的一端，人站在岸上，把虾网浸到水底。虾多的地方，很快就会有虾钻进网里，出不来了。

还有更复杂一点儿的捉虾方法。不过，最简单、最直接、最有效的方法是：在水浅的地方，蹚水找到虾洞，用手捉住虾的背部，把虾从洞里拖出来。当然，有时候虾会钳住你的手指头。可是，这一点也不可怕。何况，我们并没有向胆小鬼介绍这种方法呀！

森林里的神秘事件

● 神秘的夜行大盗

森林里出现了神秘的夜行大盗，最早受难的是兔子家。一连几个晚上，每天都会有几只小兔子失踪。

这可把森林里的居民们吓坏了，个个提心吊胆。一到晚上，那些小鹿呀、松鸡呀、松鼠呀，全都缩进窝里，动也不敢动，一副大难临头的样子。

最糟糕的是，不论是灌木丛里的鸟儿，还是树上的松鼠，或是地下的老鼠，谁也不知道强盗会从哪里蹿出来，因为这个凶手每次出现的地方都不一样。有时是草丛里，有时是灌木丛中，有时是树上，简直是神出鬼没！森林里的居民们都传言，凶手并非只有一个，而是一大群！

第二个受到袭击的是獐鹿家。几天前的一个晚上，獐鹿爸爸和獐鹿妈妈带着两个孩子去森林的空地上觅食。獐鹿爸爸站在距灌木丛几步远的地方放哨，獐鹿妈妈领着两个孩子在空地上吃草。

突然，一个乌黑的东西从灌木丛中蹿出来，一下子跳到獐鹿爸爸的背上！獐鹿爸爸倒下去了，獐鹿妈妈带着两个孩子没命地逃进了森林。

第二天早上，獐鹿妈妈带着几个同伴去空地察看，发现獐鹿爸爸只剩下了两只犄角、四个蹄子。

昨天夜里，麋鹿成了第三个受害者。当时，它正穿过草木丛生的密林，突然看见在一根树枝上挂着个奇形怪状的大木瘤。

麋鹿可以说是森林里的大汉，它那对长长的大犄角，就是熊看在眼里也有些害怕。所以，它并没有觉得有什么奇怪，反倒走过去，仰起头想看个仔细。就在这时，一个可怕的、足足有300千克重的东西一下子压到了它的背上！

麋鹿吓了一跳，使劲儿晃动脑袋，把那个东西从背上甩了下去，然后撒开蹄子逃出森林，连头也没敢回。我们这片树林没有狼。就是有，也不会上树啊！熊呢，现在正躲在密林深处，懒得动弹呢！

那么，这个神出鬼没的强盗究竟是谁呢？直到现在，都没有人知道。

这天夜里，神秘大盗又出现了，这次的被害者是一只松鼠。

这次，凶手在树底下留下了很多脚印。我们仔细观察了那些脚印，这才知道，凶手原来是北方森林有名的"豹子"，也就是素有"林中大猫"之称的猞猁。

经过一个春天，小猞猁已经长大了，它们在妈妈的带领下，满林子乱窜，捕捉猎物。

森林里的犯罪事件可不止这一件，雄棘鱼家里也出事了。雄棘鱼的巢建在河底，有两扇门。它一盖好房子，就给自己找了条雌棘鱼做太太，开心地将它带回家。它的太太从前门进去，产完卵后，立刻从另外的门游走了。

雄棘鱼会再寻找第二任太太，然后是第三任、第四任。不幸的是，所有的雌棘鱼太太都离开了它，只留下一群群鱼卵，让它照看。

现在，雄棘鱼独自留到家里，当然，还有许许多多鱼子。

河里有很多爱吃新鲜鱼子的家伙。可怜的雄棘鱼，为了不让那些凶猛的家伙来骚扰它的鱼子，只好时刻保卫自己的家。

前不久，有一条贪婪的鲈鱼闯进了它的家。于是，小个子的雄棘鱼勇敢地和这个可恶的家伙打了一架。它扬起身上的五根刺——三根长在背上，两根长在肚子上——狠狠地扎在了鲈鱼的鳃上。因为鲈鱼的全身都覆盖着盔甲——鱼鳞，只有鳃是赤裸着的。

这小家伙还真把鲈鱼给吓坏了，一转眼，鲈鱼就仓皇逃跑了。

● 谁救了玛莎

清晨，我的邻居——玛莎一觉醒来，胡乱地穿好连衣裙，光着两只脚，就跑到森林里去了。

森林里的小山上长出了许多草莓。玛莎麻利地采了

满满一篮子，踩着被露水沾湿了的冰凉的草墩，蹦蹦跳跳地转身往家跑。突然，她滑了一大跤，立刻就感到一种钻心的疼痛。原来，她从草墩上滑下来，一只脚被什么尖东西戳流血了。

恰巧草墩旁蹲着一只刺猬。这会儿，它正蜷缩着身子，"呼呼"地喘着气。

玛莎坐到旁边的草墩上，一边哭着，一边用衣服擦脚面上的血。刺猬不出声了。

突然，一条背上有锯齿黑条纹的大灰蛇，直冲着玛莎爬了过来。这是一条毒蛇！玛莎吓得腿都软了。毒蛇越爬越近，"咝咝"地吐着分叉的舌头。

这时，刺猬突然挺起身体，小跑着奔向毒蛇。毒蛇抬起整个上半身，像根鞭子一样向刺猬抽过去。可这刺猬也真够灵敏的，它立即竖起了刺。毒蛇害怕了，"咝咝"地狂叫起来，转身就想逃跑。刺猬却已经扑到它身上，从背后咬住它的头，用爪子使劲拍打它的脊背。

这时，玛莎终于回过神来，赶忙跳起来，跑回家去了。

● 天上的大象

一片乌云飘在天空中，黑压压的，活像一头大象。它时不时地就把它的长鼻子拖到地上，地上立刻扬起一片尘埃。尘土旋转着，旋转着，越来越大，最后，终于和天上的大象鼻子连在一起了，形成一根上连天、下连地、旋转的大柱子。大象把这根大柱子搂在怀里，沿着

天边向前急奔过去。

　　天上的大象跑到一个小城市上空，不走了。突然，从大象鼻子里喷出了大雨——简直是倾盆大雨！屋顶上和人们头上撑开的雨伞上，都乒乒乓乓地响了起来。你猜猜，这是什么下来了？是蝌蚪、蛤蟆，还有小鱼！它们在街道上的水洼里乱蹦乱跳。

　　后来大家才弄明白。原来，这块象云被龙卷风（从地下一直卷到天上的旋风）带着，从一个森林湖泊里吸起了大量的水，连同水里的蝌蚪、蛤蟆和小鱼一起吸了上来，带着它们在天上跑了好长一段距离后，才在这个小城市把它们放了下来。然后自己又继续向前跑去了。

农庄里的稀罕事儿

集体农庄里发生了一件稀罕事儿。

那天，一个牧童从林边牧场跑过来，边跑边喊："不得了啦，小牛被野兽咬死了！"

集体农庄的庄员们惊叫起来，那些挤奶女工甚至大哭起来。因为被咬死的是我们这儿顶好的一头小牛，在农业展览会上还得过奖呢！

于是，所有的人都扔掉手边的活儿，急忙往林边牧场跑去。

那头小牛躺在牧场上一个偏僻的角落里，已经断气了。它的乳房给咬掉了，脖子靠后的地方也被咬破了。除了这两处，别的地方倒没有什么伤口。"是熊咬的。"猎人谢尔盖说，"熊总是这样——先把猎物咬死，然后就离开，等肉臭了再来吃。"

"没错。"猎人安德烈接过话茬儿，"这没什么可争论的。"

"好了，大伙儿先散一散吧。"谢尔盖说，"过会儿我们在这儿搭个棚子。熊就是今天夜里不来，明天夜里也准会来。"

谢尔盖说这话时，我们这儿的另一个猎人塞索伊奇也挤在人群里。

"塞索伊奇，今晚跟我们一块儿在这守着，怎么样？"谢尔盖问他。塞索伊奇没有吭声。他转到一边，蹲在地上仔细察看起来。

"不对，"塞索伊奇说，"熊不会到这里来的。"

"随便你怎么说吧。"谢尔盖和安德烈耸了耸肩膀，说道。

农庄的庄员们都散了，塞索伊奇也走了。谢尔盖和安德烈砍了一些小树枝，在附近的松树上搭了个棚子。这时，他们看到塞索伊奇又回来了，还带着猎枪和那只名叫小霞的猎狗。他把小牛周围的土地又察看了一番，还仔细瞅了瞅边儿上那几棵树，然后便走进了树林。

那天晚上，谢尔盖和安德烈躲在棚子里守了整整一夜，什么也没守到。第二天，他们又守了一夜，还是什么也没来。第三夜，依然如此。

两个人有些着急了。"可能有什么线索我们没注意到，可是塞索伊奇却看到了。所以，他才说熊不会来。"谢尔盖说。

"我们去问问他，好不好？"安德烈说。

"只有这个办法了。"他们说着，从棚子里出来，想去找塞索伊奇，却看到塞索伊奇正从林子里走出来。

"你说得对，熊真的没有来。究竟是怎么回事呢？我们倒要请教请教。"谢尔盖对塞索伊奇说。

"你们有没有听说这样的事？"塞索伊奇反问道，"熊把牛咬死，啃去乳房，却留下了牛肉。"谢尔盖和安德烈你看看我，我看看你，回答不上来了。的确，熊是不会干这种荒唐事儿的。

"你们察看过地上的脚印吗？"塞索伊奇问他们。

"瞧过。脚印很大，差不多有20厘米宽。"

"那脚爪印有多大？"塞索伊奇又问。

这句话把两个人问住了。"脚爪印倒是没看到。"

"是啊。要是熊，一眼就可以看见脚爪印。"塞索伊奇说，"现在倒要请你们说说，有哪一种野兽走路的时候，是把脚爪缩起来的。"

"狼！"谢尔盖想也不想，便冲口而出。

塞索伊奇哼了一声："好个会识别脚印的猎人！"

"别瞎扯了！"安德烈对谢尔盖说，"狼的脚印和狗的脚印一样，只是大一点儿、窄一点儿。这是猞猁，猞猁走路的时候才缩起爪子。"

"是啊！"塞索伊奇说，"咬死小牛的就是猞猁，没错。"

见谢尔盖还是有些不敢相信，塞索伊奇便打开背包，里面是一张红褐色的大猞猁皮。这样一来，大伙儿都知道，咬死小牛的凶手是猞猁了！至于塞索伊奇怎样追上这只猞猁，又是怎样打死它——除了他和猎狗小霞，恐怕没有人知道了。

但不管怎么说，猞猁会咬死牛，这种事儿还真是少见呢！

无线电通报（二）

这 里是《森林报》编辑部。今天是6月22日——夏至，是一年里面白天最长、黑夜最短的一天。今天，我们要跟全国各地举行一次无线电通报！苔原！沙漠！森林！草原！山岳！都请注意！请你们谈谈，现在你们那里是什么情况？

● 这里是北冰洋群岛

什么黑夜？

我们根本忘记了什么是黑夜。在我们这儿，一天24小时都是白天，根本不往海里落。像这样的日子差不多要持续三个月！

我们这里的阳光永远是亮堂堂的，因此，地上的草就像神话里讲的那样，不是一天天见长，而是按小时生长的。

叶子越来越茂盛，花儿也越开越多。沼泽里长满了苔藓。就连那光秃秃的石头上都被五颜六色的植物给覆盖住了。

在我们这里的岛屿上，野兽的种类不是很多。只有旅鼠（短尾巴的啮齿类动物，个头和老鼠一般大）、白兔、北极狐、驯鹿。偶尔会从海里游来几只大白熊，在苔原上摇摇晃晃地走过来，找小动物吃。

不过，我们这里有大量的鸟儿，多得数不清！虽然积雪还停留在背阴的地方，但是，已经有大批的鸟儿飞到我们这里来了。

瞧，有角百灵、北鹬、雪鸮、鹊鸰——各种各样的鸣禽。还有鸥鸟、潜鸟、鹬、野鸭、雁、管鼻鹱、海鸟、模样滑稽的花魁鸟，还有许许多多奇奇怪怪的鸟儿，说起来你可能都没听说过。

你一定会问：既然你们那儿没有黑夜，那鸟兽什么时候睡觉啊？告诉你，它们几乎不睡觉——哪儿有工夫呀！那么多工作等着它们：筑巢、孵蛋、喂孩子，简直忙得不可开交。

不过，等到冬天就好了。冬天，它们可以睡足一年的觉。

● 这里是中亚细亚沙漠

我们这里正好相反——什么都睡了。因为太阳太毒了，把草木都晒枯了！说起来，最后那场雨是什么时候下的，我们都记不清了。说来也奇怪，怎么草木没有全都枯死呢？

带刺的骆驼草差不多有半米高了——它将自己的根伸到火热的土地深处去，有五六米那么深，这样就可以

汲取地下水。

别的灌木丛和野草长满了绿色的细毛，却不长叶子，这样，它们的水分就可以少蒸发一点儿。我们这里的沙漠中的树木个头不高，一片叶子都没有，只有细细的绿色树枝。

这会儿，蛇正在睡觉。金花鼠和跳鼠最怕的草原蝰蛇也深深地钻到沙子底下睡觉去了。

还有一些小野兽也在睡觉。腿细长的金花鼠用一个土疙瘩把洞口堵起来，不让太阳进去，整天都在睡觉。它只有早晨的时候才出来找点东西吃。现在，它不得不跑出来了，可是得跑多少路，才能找到没有晒枯的小植物呀！黄色的金花鼠干脆就钻到地底下去了，它要睡很久很久——一个夏天、一个秋天、一个冬天，一直睡到第二年春天。一年只有三个月出来游逛，其余时间都在睡觉。

● 这里是乌苏里大森林

我们这儿，夜是黑黑的，白天也是黑黑的。因为这里全都是树木，枞树、落叶松、云杉，还有爬满带刺的葎草和野葡萄藤的阔叶树！又宽又大的树冠结成一顶绿色的大帐篷，阳光根本照不进来。

不过，我们这里的动物可一点儿也不比列宁格勒少。驯鹿、印度羚羊、棕熊、黑兔、灰狼、野雉、白雁、朱鹭……这会儿，雏鸟已经孵出来了，小兽儿也长大了，一幅生机盎然的景象。

● 这里是库班草原

我们这里已经进入了收获季节。大队的收割机和马拉收割机不停地忙碌着，火车也已经准备好了。不久，它们就会满载着玉蜀黍前往莫斯科和列宁格勒。

在庄稼已经收割完的田地上空，兀鹰、游隼不停地盘旋。现在，它们可以好好收拾一下那些打劫庄稼的强盗——老鼠、田鼠和金花鼠了！隔着老远就能看到，这些家伙正从洞里向外探头呢。

在庄稼还没收割的时候，这些家伙们偷吃了多少粮食呀！连想想都觉得可怕！

● 这里是阿尔泰山脉

在低洼的盆地上，又闷热，又潮湿。早晨，露水在夏日炎热的阳光照射下，很快就蒸发了。晚上，草场上空飘浮着浓雾。水蒸气升到上面，润湿了山坡，冷却后凝成白云，飘浮在山顶上。不信你看，天亮前，山顶上总是云雾缭绕。

白天，艳阳高照，把水蒸气变成了雨滴，于是，雨滴从浓云中洒了下来。

山顶上面的积雪不断地融化。只有在那些最高的白色峰顶上，还存着终年不化的积雪和寒冰——大片的冰原和冰河。

那些地方实在是冷极了，甚至连中午的太阳都晒不化那里的冰雪。

不过，在这些山顶下，融化的雪水形成了一股股水流，顺势而下，汇集成一条条小溪，沿着山坡奔流而下，又从岩石上直泻下来，形成了瀑布。这些水一直向着山下的江河里流去。河水暴涨起来，漫出了河岸，在盆地上泛滥。

在我们这儿的山上，可以说是应有尽有。山底下是大森林，那里聚集着大批松鸡、雷鸟、鹿、熊等等。往上是肥沃的高山草场，那是山绵羊、雪豹以及肥壮的旱獭聚居的地方。再往上是长满苔藓和地衣的岩石，野山羊和山鹑的家就在那儿。

至于极高的山顶，常年冰天雪地，跟北极一样，那里永远都是冬天。既没有飞禽栖息，也没有走兽穴居，只有强悍的雕和兀鹰偶尔会飞去寻找猎物，但很快便会离开了。

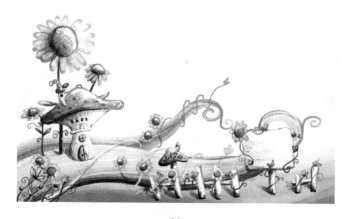

森林里的孩子和父母

7月——夏天的顶峰！田野里，燕麦已经穿上了长衫，荞麦却连衬衣还没有套上！成熟的小麦和稞麦像一片金黄色的海洋，等待着人们前去收割！

森林里，到处都是小巧多汁的果实——草莓、黑莓、覆盆子、洋莓和甜樱桃。

在北方，有金黄色的桑悬钩子；在南方果园里，有樱桃、洋莓和甜樱桃。草场脱掉金黄色的连衣裙，换上了绣着野菊花的花衣裳——雪白的花瓣反射着太阳的热光。跟光明之神——太阳，可不能开玩笑：它的爱抚会把你烧伤的。

鸟儿变得沉默起来，它们现在已经顾不上在树上叽叽喳喳地唱歌了。因为它们做父母了，几乎所有的巢里都有了刚出生的小家伙。

小家伙们出生的时候几乎都一丝不挂，眼睛也还没睁开。看样子，在很长一段时间里，它们都需要爸爸妈妈的照料。好在这个时节的土地上、水里、林中，甚至半空中都有小家伙们可以吃的美味，足够它们全都吃得饱饱的！

● 小宝宝诞生了

罗蒙诺索夫城外有一片大森林，一只年轻的雌麋鹿生下了它的第一个孩子。

白尾巴雕的巢也在这片森林里，巢里有两只小雕。

还有黄雀、燕雀和鸫鸟，它们的窝里也已经各有五个小宝贝。

啄木鸟孵出八只雏鸟。

长尾巴云雀孵出了十二只雏鸟。

最了不起的是灰山鹑，它的窝里有二十只雏鸟！

但比起棘鱼，灰山鹑还是要差点儿。因为棘鱼的每一个卵都能孵出一条小棘鱼，竟然有一百多条小棘鱼！

还有比棘鱼更了不得的！一条鳊鱼的孩子数都数不过来，可能有几十万条小鳊鱼。

而鳘鱼的孩子更是多得不计其数——有几百万条！连鳘鱼妈妈都搞不清楚。

不过，因为孩子太多了，鳊鱼和鳘鱼妈妈根本顾不上管自己的孩子。它们只负责生下孩子，然后就游走了。至于孩子们怎么孵化出来，怎么长大，怎么生活，怎么找东西吃，都得靠孩子们自己努力，它们就管不了那么多了。

是呀，不这样又能怎么办呢？如果你有几十万或几百万个孩子，你也会这样做的。

还有青蛙，它也有将近一千个孩子，也是完全管不

过来的！

当然，没有父母的照顾，孩子们的日子难过极了。水里到处都是贪嘴的家伙，它们最爱吃味道鲜美的鱼子和青蛙卵，小鱼和小蝌蚪更是它们的美味。

在这些小鱼长成大鱼之前，不知道有多少会成为它们的食物呢！

想起来都让人觉得不寒而栗！

瞧，小鹞刚刚从蛋里孵出来了。它的嘴上有个小白疙瘩，叫作"凿壳齿"，之所以起这个名字，是因为小鹞就是用这颗牙齿把蛋壳凿破，然后，自己则从里面钻出来。

小鹞要是长大了，是种很凶猛的鸟类，这种鸟儿经常让别的啮齿类动物心惊胆战。

但是现在，它还是个滑稽的小东西呢，全身长满了绒毛，眼睛还没有完全睁开，看上去很可爱，一点也不让人害怕呢。

它看上去是那样无助，那样温驯，跟爸爸妈妈寸步不离。如果爸爸妈妈不及时喂给它东西吃，它很有可能会活活饿死。

鸟类中也有一些爱动爱闹的小家伙，它们刚刚把蛋壳凿破，就立刻摇头晃脑地跳起脚来找东西吃，一点儿也不客气。它们不怕水，也不怕敌人，如果见到敌人还可以自己躲起来呢。

瞧这两只刚刚出生的小沙雉，它们出蛋壳才一天，就勇敢地离开了自己的巢，去捉地上的蚯蚓吃了。

小山鹑也挺蛮横的，它刚一出世，就会撒开腿拼命地跑了。它可真是个勇士。

还有小野鸭——秋沙鸭。它刚出生，就一瘸一拐地来到小河边，扑通一下跳到水里，游起来了。它一会儿潜水，一会儿仰泳，一会儿伸懒腰——什么都会。

旋木雀的闺女可真是娇生惯养，它要在巢里待上整整两个星期才能飞出来，在树墩上蹲一会儿。

你看它那气鼓鼓的样子：老大的不痛快，原来妈妈半天没飞回来喂它食物了。

它来到世界上已经三周了，可到现在为止还只会啾啾地叫妈妈，向妈妈喊饿，让妈妈把青虫和好吃的东西都塞到它嘴里才行。

● 有趣的妈妈们

与没有妈妈照顾的小鱼和小蝌蚪相比，小麋鹿和那些小雏鸟可幸福多了，因为麋鹿妈妈和鸟妈妈对它们的孩子关爱至极。

麋鹿妈妈为了它的独生子——小麋鹿，随时可以牺牲自己的生命。即使面对一只熊，它也会毫不犹豫地冲过去。

如果真的遇到一只攻击小麋鹿的大黑熊，麋鹿妈妈准会扬起前后腿一阵乱踢。这一通拼搏，保证大黑熊再也不敢靠近小麋鹿了。

灰山鹑妈妈也是一样。

有一天，我们的通讯员碰到了一只小山鹑。它从通

讯员的脚底下跳出来，一蹿，就蹿到草丛里躲了起来。

通讯员们跳进草丛捉住了小山鹬，小山鹬立刻啾啾地大叫起来。山鹬妈妈听到自己孩子的呼喊，不知从哪儿钻了出来。它看到自己的孩子被人捉在手心，立刻咕咕地大叫着，扑了上来，眼看就要跳到通讯员的身上了，可它突然摔在地上，耷拉着翅膀。

通讯员们以为它肯定是受伤了，就松开小山鹬，去捉它。

山鹬妈妈在地上一瘸一拐地走着，眼看一伸手就能捉到它。可一伸手，它就往旁边一闪，躲了过去。

通讯员们就这么追呀，追呀。突然，山鹬妈妈抖了抖翅膀，从地上飞起来了——竟然像一点儿事都没有似的飞走了。

我们的通讯员回头又找那只小山鹬，结果可想而知，小山鹬连影儿都看不见了。

原来是山鹬妈妈施了计策，故意装出受伤的样子引开了通讯员，这时候小山鹬就可以趁机逃走了。

山鹬妈妈真是又聪明又勇敢，而且对于每一个孩子，山鹬妈妈都保护得很好，好在它的孩子不太多，只有20个山鹬宝宝！

在一个小岛的沙滩上，有许许多多海鸥的"别墅"，小海鸥就住在那里。

每天晚上，小海鸥都睡在温暖的沙坑里，每个沙坑里睡三只。沙滩上布满了这种小坑，这里简直成了海鸥的"殖民地"了。

白天，它们在长辈的教导下，学习飞翔、游泳，在长辈的带领下捉小鱼儿。

老海鸥一面教它们，一面保护它们的安全。

当有敌人接近的时候，这些小海鸥们就成群结队地飞起来，大声叫着，嚷着，冲过去。这阵势，再强大的敌人见了也害怕呀！甚至连巨大的白雕看到这种情况，都会立刻逃之夭夭呢。

有一种十分奇怪的鸟儿，在这个月份里，在莫斯科附近、在阿尔泰山上、在卡马河畔、在波罗的海上、在亚库提、在卡赫斯坦，都有人看见过。

这种鸟的模样非常可爱，也非常漂亮，就像卖给城市里年轻人的那种色彩绚烂的浮标。它们非常信任人，和人非常亲近，就算你走到它们跟前五步远，它们也不会逃走，还是在你面前的水边继续悠闲地游来游去，一点儿都不害怕。

现在这个时节，所有的鸟儿都安安稳稳地在巢里孵蛋，或者是喂养刚出生的雏鸟，只有这种鸟与众不同，它一队队、一群群地在全国各地四处旅行。

更让人奇怪的是，这种鸟的雌鸟长得色彩斑斓。要知道，一般情况下，色彩漂亮的鸟都是雄的，而这种鸟则恰恰相反：雄鸟的颜色又灰又暗，雌鸟却是五颜六色的。

还有比这更奇怪的——这些雌鸟妈妈一点儿都不关心自己的孩子。在遥远的北方苔原地带，它们把蛋下到一个坑里之后，就自顾自地飞走了！而雄鸟留在那里孵

蛋，喂养孩子，保护它们成长。

这简直就是雌雄颠倒！这种鸟儿的名字叫：鳍鹬。

现在，到处都可以看到它们的身影，因为它们是旅游专家。今天在这儿，明天在那儿。

当然，还有很多鸟类妈妈们把孩子照顾得无微不至。每天天刚蒙蒙亮，它们就开始劳动了。

我们观察过，椋鸟每天要劳动17个小时，家燕每天劳动18个小时，雨燕每天劳动19个小时，鸫每天劳动20个小时以上。

它们不这么干不行啊！因为孩子们都在等着它们带食物回家呢！

一只雨燕每天至少要飞回巢30~35次，才能将小雨燕喂饱。而椋鸟给雏鸟送食物，每天至少要送200次左右，家燕至少要送300次，郎鹩要送450多次！

整整一个夏天，它们都在不停地忙碌着，直到雏鸟长大。而这时，森林里的害虫已经被它们消灭光了！

它们的翅膀几乎都合不上了，因为它们每天都在不停地忙着。

好兄弟，坏兄弟

● 鹡鸰窝里的丑八怪

鹡鸰是一种非常娇小、瘦弱的鸟类。这一阵儿，鹡鸰在巢里一下子孵出六只光溜溜的雏鸟，其中五只雏鸟都有雏鸟的样子，而第六只和其他五兄弟一点儿也不像，简直是个丑八怪：浑身上下长满了粗皮，青筋凸起，长了一个大脑袋，两只眼睛向外凸着，像被一层膜遮住一样，睁不开。当这个家伙张开嘴巴的时候，简直能把你吓死：那哪里是嘴啊，简直就是一个无底洞！

第一天，它安安静静地躺在巢里，一点儿声音也没有。只有在鹡鸰妈妈飞回来喂孩子的时候，它才费力地抬起自己那又沉又胖的灰脑袋，张开大嘴，低声啾啾着说："喂我！喂我！"

第二天早晨，天很冷，鹡鸰爸爸和鹡鸰妈妈飞出去找食了，其他五兄弟还没起床，它就开始活动起来。

它低下头，在巢里的地板上站稳，然后分开两只脚，一点一点开始往后退。

当它感觉屁股已经撞到了它的小鸟兄弟时，就蹲了

下来，并且使劲把屁股往小鸟的身子底下挤，之后又用光秃秃的翅膀夹着自己的小兄弟，像一把有力的钳子一样夹得紧紧的，把小兄弟扛在肩膀上，一个劲儿地往后退，一直退到巢的最边上。

被它夹住的小兄弟个头儿又小又弱，眼睛还没有睁开，完全不知道这个哥哥在做什么。它躺在丑八怪背后的两只翅膀里，随着哥哥的移动，来回地晃荡着，就像是躺在勺子里的一滴牛奶。

丑八怪呢，它用脑袋和两只脚使劲撑住了身体，把小兄弟一点点地往上抬，越抬越高，屁股向后一用力，一下子把自己的小兄弟抬到巢的边缘了。

这时，只见它弯着身子，一使劲，屁股扬了起来，把小兄弟掀到巢外面去了。

鹬鸰的巢一般都建在河岸上方的悬崖上。

可怜的小鹬鸰，浑身还是光溜溜的，就这样被哥哥摔出去之后，一下子摔到砾石堆里，跌了个粉身碎骨。

可恶凶狠的丑八怪因为用力过猛，自己也差点儿从巢里跌下来。它在巢的边上晃了好一会儿，幸亏胖脑袋比较沉，总算重新把身子稳了下来，最后跌倒在巢里。

这件命案，从开始到结束，只用了短短两分钟。

作案完毕后，筋疲力尽的丑八怪一动不动地躺在巢里，躺了大约一刻钟。

这时，鹬鸰爸爸和鹬鸰妈妈飞回来了。丑八怪又伸长青筋毕露的脖子，抬起沉重的大脑袋，就像什么事儿也没发生过一样，尖声喊着："喂我吧！喂我吧！"

丑八怪吃完了，稍微休息了一会儿，又开始琢磨着对付第二个小兄弟了。

不过，这次没那么容易成功。第二个小兄弟在丑八怪的背上拼命地挣扎，极力挣脱，它一次次从丑八怪的背上翻滚下来。可是，丑八怪就是不放弃。

就这样，五天过去了，当丑八怪睁开眼睛的时候，它发现，只有它自己还躺在巢里：它的五个小兄弟都被它扔到巢外摔死了。

在它出生后的第十二天，丑八怪长出了羽毛。这时候终于真相大白了——鹡鸰爸爸和妈妈这才看出来，这个与众不同的"丑八怪"根本不是自己的亲生孩子，而是一只被遗弃的杜鹃。一直听说森林里的杜鹃非常懒惰，经常把自己的蛋下到别人的巢里让别人代养。鹡鸰爸爸和妈妈陷入了深深的痛苦之中。

可是，丑八怪叫得那么可怜，那么像自己死去的孩子；它张着大嘴哇哇地叫着，要吃的。温柔的鹡鸰老两口怎么忍心拒绝它呢！

老两口的日子其实过得挺紧的，每天都忙碌，连自己的肚子都没工夫填饱。他们从日出忙到日落，就是为了给养子小杜鹃找肥美的大青虫吃。它们衔了虫儿，需要把整个脑袋都伸到小杜鹃的血盆大口里，这才能把食物塞到那个贪得无厌，像无底洞一样的喉咙里去。

直到秋天，老两口终于把小杜鹃喂养大了。可是，小杜鹃拍拍翅膀飞出鹡鸰巢，从此再没跟养父母见面。

● 小熊兄弟

有一位我们熟悉的猎人，沿着森林小河的岸边散步。突然，他听到一阵巨大的响声，"哗啦、哗啦"，像是树枝折断的声音。他非常害怕，立刻爬到树上。

丛林里走出来一只大棕熊——熊妈妈，后面跟着两只欢蹦乱跳的小熊，还有一个大一点儿的熊小伙子——它是熊妈妈的大儿子，俨然是两只小熊的"保姆"。

熊妈妈坐了下来。

熊哥哥张开大嘴巴咬住了一只小熊颈后的皮，把它叼了起来就往水里按。

这只小熊害怕洗澡，尖声怪叫起来，乱蹬乱跳的。可是，熊哥哥就是不放开它，直到把它洗得干干净净才罢休。另外一只小熊也害怕洗冷水澡，一溜烟似的跑进树林里去了。

熊哥哥追了过去，给了它一巴掌，然后像对待第一只小熊一样，给它也洗了个澡。

洗着，洗着，一不小心，熊哥哥把小熊掉到水里去了。小熊吓得嗷嗷大叫！熊妈妈急忙跳进水里，把小熊救了上来，然后把熊哥哥狠狠地揍了一顿。熊哥哥被揍得号啕大哭，这个可怜的家伙！

小熊上了岸，倒像是很高兴似的。这么热的天，它们还穿着毛茸茸的皮大衣，正热得要命呢！洗一个冷水澡，凉快多了。

洗完澡后，熊妈妈带着孩子又回到树林里去了。而我们的猎人朋友这才敢从树上下来，回家去了。

林中大战（四）

我们的通讯员来到第三块砍伐地。那儿已经是战争开始后的第十个年头了。现在，统治那里的还是白杨树和白桦树。它们霸占着那块土地，不允许任何外来户在这里落脚。每年春天，草族都会从土里钻出来，想挤占一席之地，但它们很快就被闷死在阴暗的阔叶帐篷里了。每隔两三年，云杉结一次种子。每次云杉结种子，都会派过来一批新的伞兵。不过，它们也没能长成树苗，都死在了白杨树和白桦树的阴影里。

小白杨和小白桦飞快地生长着。它们密密层层地耸立在采伐地上。终于它们觉得拥挤了，于是争吵开始了。

每一棵小树都想在地上和地下为自己多抢夺一点地盘。每一棵小树都是越长越粗壮，排挤着它们的邻居。采伐地上的树木你推我挡，一片杂沓。

身强体壮的小树比孱弱的小树长得快，因为它们的根更粗壮一些，树枝也更长一些。那些身体强壮的小树长大之后，就把它的手——树枝，从旁边的小树的头上伸过去，它旁边的小树完全被树荫淹没了，从此不见天日。

最后一批孱弱的小树也在浓荫下死去了。

这时，矮小的青草已经艰难地从地里钻了出来。不过，已经长高了的小树不再害怕青草了。就让它们在自己脚底下成群地蠢动吧！这样还可以暖和些呢！然而胜利者们自己的后代——它们的种子，落在这个黑暗潮湿的地窖里，窒息而死了。

云杉很有耐心，他们连续不断地每隔两三年就向这片砍伐地派遣伞兵。然而面对这些柔弱的小家伙，胜利者根本不屑一顾：让它们在这黑暗的地窖里自生自灭吧。

结果，小云杉到底长出来了，就在白杨树和白桦树的脚下。那里黑暗潮湿，小云杉的日子过得很辛苦。不过，它们总算从土里长出来了——这点阳光还是有的。每一棵小云杉都又细又弱。不过，这里也有些好处，没有风来侵袭它们，它们不会被风连根拔起。暴风雨来袭的时候，白桦和白杨都呼呼地喘息着，不住地弯腰。但是即便是在这种时候，小云杉依然安定地待在地窖里。

那里很暖和，食物也足够吃。小云杉受不到春季刺骨的早霜和冬天严寒的迫害。那里的环境，跟光秃秃的采伐地上完全不同。秋天，白桦和白杨的枯叶落在地上慢慢腐烂了，发出热来，青草也发热，需要极力忍受的，只是地窖里一年四季的阴暗潮湿。

小云杉不像白桦和白杨那样喜欢光亮；它们能够忍受黑暗，顽强地生长着，生长着。

我们的通讯员对这些小云杉很同情，它们是不是也觉得很难过呢？那就等着接下来的报道吧。

谁是朋友，谁是敌人

夏天的夜晚，如果你到外面走走，准会听见树林里传来一阵阵奇怪的声音。一会儿"哈哈哈"，一会儿"嚯嚯嚯"，说不出的尖锐刺耳，保准叫你背上的汗毛都会竖起来！

有时候，这种声音又会出现在屋顶上，好像有许多只怪兽在黑暗中闷声闷气地呼喊："快走，大祸就要临头了……"伴随着这叫声，漆黑的夜空中突然亮起两盏圆溜溜的绿灯笼——那是一双凶恶的眼睛！紧接着，一个无声无息的黑影从你的身边一闪而过，带起一股风，从你的脸颊边擦过。

这情景，怎么不叫人心惊胆战？

话说回来，就算是大白天，你突然发现一个黑乎乎的树洞里，探出一个瞪着黄澄澄的大眼睛的脑袋，前端还长着一张钩子似的大嘴巴，朝着你狂笑，你是不是也会吓一跳呢？

就是因为这个，几乎所有的人都对制造出这些怪声的各种各样的猫头鹰深恶痛绝。也正是因为这样，如果哪个早晨，人们发现自己的小鸡、小鸭少了几只，再回想起昨天夜里院子里的吵闹，那他一定把这些事儿都算在猫头鹰的身上。

这么想时，他们可不觉得自己在冤枉人，因为好多人都亲眼看见过这些猛禽祸害那些家禽。大白天，老母鸡一个麻痹大意，它的孩子就被鹞鹰①抓走了一只！公鸡跳上篱笆，伸长脖子，还没唱出来，就随着鹞鹰的爪子升上了半空！

在这种情况下，如果哪个对猛禽恨得咬牙切齿的集体农庄庄员正好路过，手里又有工具，那么他一定会冲上去，把那只长着钩形嘴和长爪子的家伙打死。这么做时，他从来不去仔细研究它究竟是好鸟，还是坏蛋！

可这样做的后果呢？老鼠大批繁殖起来，金花鼠会把整片庄稼都吃光，兔子也会糟蹋掉足够一家人吃整整一个冬天的大白菜！

所以，为了不把事情弄得很糟糕，我们必须好好地学习分辨谁是我们的朋友，谁是我们的敌人。不错，那些伤害野鸟和家禽的猛禽是有害的，但那些消灭老鼠、田鼠、金花鼠以及其他损害我们庄稼的啮齿动物的猛禽却是我们的朋友。

不管它们的样子有多么可怕，叫声有多么吓人，它们都是我们的朋友。

---

①鹞鹰：属鹰科鹞亚科鸟类，体形瘦长，羽毛的颜色较为灰暗，喜欢栖息在高草丛或近水沼泽地区，以鼠、蛇、蛙、鸟以及一些昆虫为食。

June | 练习飞行月

森林里的新规矩

8月——闪光的月份!

草地换上了夏天里最后一身衣裳!现在,它变得五彩缤纷,所有的花儿都竭尽全力展示着自己最后的美丽!它们大多是深颜色的——蓝色、紫色……太阳光也在逐渐减弱,和草地做最后的告别。

菜园里,蔬菜和水果快要成熟了。树林里,树莓、蔓越橘、山梨……也快要成熟了。树底下长出一些蘑菇,它们不喜欢火辣辣的太阳,全都躲在阴凉的树底下,就像一个个小老头儿。

树木已经停止了生长。

在道路的两侧,还长着最后一批小野菊花。它们耷拉着花瓣做的白裙子,等待着太阳温暖的拥抱。

森林里的孩子们都已经长大,从巢里爬出来了。

春天的时候,所有的鸟儿都成双成对,住在自己那块固定的地盘上。现在,它们带着孩子走出家门,满树林子转着,去拜访左邻右舍。

就说那些猛禽和猛兽,也不再死死地守着自己的地

盘了。野味很多，到处都是，足够大家吃的，干吗死守着自己那一块呢？

貂、黄鼠狼和白鼬也从窝里钻出来，在树林里窜来窜去。它们很容易就能填饱肚子，因为树林里有的是傻头傻脑的雏鸟、缺乏经验的小兔、粗心大意的小老鼠。

鸣禽成群结队地在灌木丛和乔木间来回飞行。

在这样一个混乱的季节里，没有规矩是不行的。

首先定好规矩的是那些鸣禽。规矩是这样的：我为大家，大家为我。无论谁先发现了敌人，都得尖叫一声，这是在警告大家赶紧逃命。要是有哪个成员不小心遇到侵害，大家就会一起飞起来，大吵大闹，把敌人吓走。

在这样一个大家庭里，那些雏鸟当然会安全得多。但这还不够，它们的一举一动都必须向那些老鸟学习。觅食、飞行、躲避敌人，一举一动都不许出错。老鸟不慌不忙地啄麦粒，雏鸟也得不慌不忙地啄麦粒；老鸟抬起头来一动也不动，雏鸟也得抬起头来一动也不动；老鸟逃命，雏鸟也得跟着逃命。

每个鸟群都有一块训练场。琴鸡的训练场就在林子里。

小琴鸡聚集在那里，跟着琴鸡爸爸学习鸣叫。它们的叫声和春天时已经不一样了。

春天的时候，它们好像在说："我要卖掉皮袄，买件大褂！"现在它们的叫声变成了："我要卖掉大褂，买件皮袄！"这很容易理解，因为天马上就凉了。

小鹤的训练场在空地那边。在这里，它们要学习在飞行时怎样排成整齐的"人"字形。它们必须在秋天来到以前学会这个本领，这样，在飞到南方越冬的时候，它们才能节省力气，不至于掉队。

飞在"人"字阵前面的是最身强力壮的老鹤。它是全队的先锋，所以它的任务要比其他鹤更难一些。等到它飞累了，就退到队伍的末尾，由别的老鹤代替它。

小鹤跟在领队的后面，一只紧挨着一只，脑袋接着尾巴、尾巴接着脑袋，按照节拍扑打着翅膀！哪一只身体强壮一些，就飞到前面，而身体弱一些的，就跟在后面。

老鹤会不时地发出命令："咕尔，勒！咕尔，勒！"这是在告诉小鹤："注意，到地方了！"

鹤一只跟着一只落到空地上。小鹤们在这里学习跳舞和体操。它们的每一个动作都学得那么认真，旋转、跳跃，按节拍做出各种灵巧的动作。还得做一种最难的动作：那就是把小石子向空中高高抛起，然后再用嘴把它接住。真像杂技演员啊！

要是没有翅膀还能飞吗？

如果没有翅膀也不是不能飞，得找窍门儿才行。瞧，小蜘蛛变成了气球驾驶员。

小蜘蛛从肚子里吐出一根极细极细的蛛丝，把其中的一头挂在灌木丛上。微风吹动着蛛丝，细丝左右飘动着，却没有断。这是因为，蛛丝的韧性可是出了名的好，跟蚕丝差不多，随你扯，也不轻易断开。

　　小蜘蛛站在地上，蛛丝在灌木和地面之间的空中荡来荡去。蜘蛛继续往外抽丝，然后用蛛丝紧紧地把自己缠起来，像一个蚕茧似的，可是丝还在那儿抽出来。

　　蜘蛛丝越拽越长，风也越吹越烈。

　　蜘蛛用八只脚紧紧地抓住地面上的东西。

　　一、二、三——小蜘蛛要出发了，它迎着风走上前去，咬断了挂在细枝那一头的丝。

　　一阵风吹过，小蜘蛛从地面上被刮走了。飞起来了！赶快把身上的细丝解开呀！

　　仿佛乘着一只热气球，飞艇升起来了，飞得高高的，飞过了茂密的草丛，飞过了一片片灌木丛。

　　驾驶员从空中向下看，看到森林、小河都在它的脚下了。继续飞！继续飞！

　　瞧，这是谁家的院子？一群苍蝇在一堆牛粪旁边嗡嗡地飞来飞去。就是这里吧，降落！降落！

　　驾驶员把缠在自己身上的蛛丝缠到身子下面，用脚把蛛丝缠成了一个小团儿，小气球越降越低，渐渐降落了……

　　小蜘蛛看准一片草叶，蜘蛛丝的一头稳稳地挂在草叶上。小蜘蛛安全着陆！

　　就在这里安居乐业吧！

　　每当快到秋天的时候，就有许许多多的小蜘蛛选择在晴朗干燥的日子，带着蛛丝在空中飞行。那时，乡村里的人就说："秋老了，秋的头发都白了。"那是秋的白发飘飘，宛如银丝一般。

森林里的美味

雨后的森林里长出了很多蘑菇，最好的蘑菇是长在松林里的白蘑菇。

白蘑菇也叫作牛肝菌，它长得又厚实又肥硕，十分可口。它的帽子是深栗色的，还散发着一股特别诱人的香味儿。

在森林小路旁的草丛中，长出来一种油蘑。这种蘑菇有时候就直接在车辙里安家落户了。

油蘑刚冒出来的时候就像个小绒球一样，毛茸茸的，不过，好看固然好看，却总是黏糊糊的，总有点什么东西黏在它上面，不是枯叶，就是细草秆。

沿着道路两旁的空地，棕红蘑菇和油蕈也星星点点地冒出来了。

松林里的棕红蘑菇不仅是最好吃的，而且颜色也是最好看的。它通身红红的，身材矮胖、厚实，在它的帽子上还有一圈一圈的漂亮花纹。

小孩子们都说，棕红蘑菇的帽子样式，是从人那里学来的。说起来，还真是有点像，人们的草帽不也长成这种样子吗？

不过，要说起模仿人，油蕈就远远比不上棕红蘑菇了。它们的帽子和人的帽子也大不相同。不论是干活的农夫还是城市里的时髦姑娘，都不会戴它那顶湿乎乎的大帽子的。

一场大雨过后，松林又有许多蘑菇冒出来了。

在松林的草地上，长得最明显的，是一种叫松乳菇的棕红色蘑菇。火红火红的，大老远就能看见。

在这种地方，这种蘑菇可真不少。它差不多和盘子一样大，在它的帽子上到处都是被虫子咬坏的洞，颜色都已经变绿了。最好的，是大小合适，比铜钱稍大一点的。这种蘑菇的帽子中间向下凹，边缘卷起。不过倒也又肥又厚。

云杉林的树下也生长着很多蘑菇，比如白蘑菇和棕红色蘑菇。

不过，云杉林中的这些蘑菇和松林里的不一样。我们仔细观察就能发现：白蘑菇并不是全白的，还带着一点黄，柄又细又长。棕红色蘑菇的颜色也不是棕红色的，而是绿得发蓝，它的帽子上还有一圈圈的纹理，像什么呢？对了，像树桩上的年轮。

白桦林和白杨林下，也生长着各有特色的蘑菇。这种蘑菇的名字是：白桦菌、白杨菌。

白桦菌在离白桦树很远的地方生长，白杨菌则会紧贴着白杨的根生长。白杨菌比白桦菌漂亮，端端正正、身姿婀娜。

雨后，还长出了不少毒蘑菇。

能吃的蘑菇一般是白色的，不过，少数毒蘑菇也有白色的。你可要留心辨别！毒白蕈是毒蘑菇中最毒的一种，它的威力甚至超过蛇毒呢！如果不小心误吃了它，人随时都会丧命。

幸运的是，毒白蕈的样子比较特殊，不难辨认。和别的食用菌不同，它的柄长得难看极了，就像从大肚子细颈的瓶子里钻出来似的。

据说，这种毒白蕈很容易和香菇混在一块儿。但是别忘了，香菇的柄是普通的。知道了这一点，就不难辨认了。

要说和毒白蕈最像的要算毒蝇菌，如果用铅笔把它们画在纸上，可能你真的就会认为它们是一样的，因为很多人都看不出它们的区别到底在哪里。毒白蕈和毒蝇菌一样，帽子上都有白色的碎片，蘑菇柄上像围着一条带子似的。

还有两种毒性十分厉害的毒蘑菇，人们常常以为它们就是白蘑菇。其实它们不是，它们的名字叫做胆菇和鬼菇。

它们和白蘑菇的区别也在于帽子的不同：它们帽子的下方是漂亮的粉红色或深红色，不像白蘑菇是白色或浅黄色的。另外，当我们把白蘑菇的帽子捏碎的时候，它还是白色的，但是这两种毒菇就不是这样了。起初你能看到里面的颜色有点发红，过一会儿，就变成了可怕的黑色。

森林里的稀罕事儿

● 一只山羊吃光了一片树林

一只山羊真的吃掉了一片树林。

这不是说笑话，而是真的。

这只山羊是护林员买来的，他把它带到了森林里，拴在草地上的一根柱子上。谁知，半夜时，这只看上去柔柔弱弱的小山羊竟然把绳子挣断，逃跑了。周围全是树林，小山羊能上哪儿去呢？不过，幸亏这一带还不曾有狼出没过。

人们找遍了周围的树林，整整找了三天也没找到它。到了第四天的时候，这只山羊竟然自己回来了，它低声叫着，仿佛在说："你好！我回来了啊！"

不想到了晚上，邻近林场的一个护林员急匆匆地跑来和这只小山羊算账。原来，小山羊把他看护的那片树林的所有树苗都给啃光了，那可是整整一大片树林啊！

树苗还很幼小，完全不会保护自己。任何有点力量的牲畜都能欺负它们，把它们从土里拔出来，吃掉，一点也不费力气。

山羊尤其喜欢啃这种小树苗。它们看上去是那么整齐、漂亮，像小棕榈一样，下面还穿着红色的鞋子，上面是一把软软的绿色扇子。对于山羊来说，这些树苗简直太可口了！

不过，如果这些树长大了，长成了大松树，山羊就不敢欺负它们了。因为大松树的树皮会把它的嘴戳得皮破血流。

● 草莓熟了

在森林的边缘地带，生长着很多鲜红的草莓。草莓已经熟了，美味而多汁。贪吃的鸟儿找到成熟的红草莓，就衔着飞走了。这样，鸟儿飞到哪里，就把草莓的种子撒播到哪里。不过，草莓的一部分后代仍然要留在原地，跟着自己的生身母亲并排长在一起。

瞧，每一株草莓的旁边，都有匍匐在地上的细细的茎，这就是草莓的脚——藤蔓，它们平时就趴在地上。藤蔓的梢儿上，是一颗小小的新草莓，也长出了一簇簇的小叶子和根的胚芽。这里又是一棵。在这同一根藤蔓上，已经长出了三簇小叶子。第一棵小草莓已经生根发芽了；另外两棵还没有完全长好。

藤蔓从母体那里出发，慢慢地向四面八方扩散。如果要找带着去年的子女的草莓妈妈，那就要到野草稀稀拉拉的地方去找。就比如这一棵吧：草莓妈妈在中间，环绕着它生长的是它的小孩子，小孩子足足有三圈，每一圈有五棵。

草莓就是这样一圈绕着一圈地向四周扩展，占领了土地。

● "雪花"飞舞

现在还是夏天，但是昨天，我们这儿的湖面上竟飘起雪花来。

轻飘飘的鹅毛大雪在空中飞舞着，像棉絮一般，眼看就要落入水中，却又突然腾空升起，回旋着，从空中撒落下去。

天气晴朗，万里无云。太阳光很强烈，热空气在阳光的照射下滚烫滚烫的，湖面上一点儿风也没有。可是为什么湖面上却大雪纷飞呢？

一会儿工夫，湖面上、湖岸上都落满了这样的雪花，像铺了一层薄薄的棉絮。

这雪花可真是奇怪啊，在这么灼热的阳光的照射下都没融化，也不反光。这种雪摸上去是暖的，而且还是脆的。

我带着好奇的心情走近去看，这才看清楚：原来，这并不是下雪了，而是成千上万只蜉蝣在飞舞着——一种有翅膀的小飞虫。

整整3年时间，它们都安静地住在湖底。那时候，它们还没长好，样子怪丑的。在漆黑的湖底深处，它们在淤泥中成群结队地蠕动着。

它们以吃湖底淤泥中的微生物和散发着臭味的水苔为生，一年到头待在黑暗里，从来见不到亮光。

昨天，它们才刚刚爬到岸上。它们脱掉身上又脏又丑的衣服，打开轻巧的翅膀，伸展着3条尾巴，轻松地飞到空中去了。

可怜的它们经历了3年的苦修，却只有短短的一天能让它们尽情享受。所以，人们又不无惋惜地把它们称为"短命鬼"。

整整一天，它们飞舞得就像轻飘飘的雪花一样。这个时候，雌蜉蝣降落到水面上，再把它们很小的卵产在水里。

当夕阳西落，夜幕快要降临的时候，湖边恢复了平静，湖岸和水里撒满了蜉蝣们的小尸体。

而雌蜉蝣产在水里的那些卵，又会像它们的前一代一样，在黑暗的湖底度过整整3年，然后在3年后的某一天，变成快活的短命鬼，在湖面上开一个盛大的派对，尽情地舞蹈，体验这短暂的欢娱。

● 狗熊吓死了

这天晚上，猎人很晚才从森林里出来，往村庄里走去。当他走到燕麦田边时，突然发现：燕麦里有个黑乎乎的东西，直打转转儿。那是个什么东西呢？

难道说是牲口闯到不该去的地方了吗？

定睛一瞧——天哪！居然是一头大狗熊。它肚皮朝下趴在燕麦地里，两只前掌紧紧抱住一束麦穗，正美滋滋地啃着呢！它舒服极了，还得意地哼哼。看来，燕麦很合它的胃口。

可惜，猎人没带枪弹。身边只有一颗小霰弹，本来是用来打鸟的。可是，这猎人不是一般的猎人，他是个勇敢的小伙子。

他心想："咳！不管能不能打死，先放一枪再说。总不能眼睁睁地看着它糟蹋集体农庄的麦田啊！"猎人装上霰弹，瞄准狗熊就是一枪，正好就响在了大傻熊的耳边。

狗熊正吃得高兴呢，完全没料到这一枪，吓得它猛地蹦了起来。麦田边上正好有一丛灌木，狗熊像只小鸟似的蹿了进去。蹿过去后，一不小心，翻了个大跟头。不过，它立刻就爬起来，直奔森林里逃走了。

猎人看到狗熊胆子这么小，心里很是好笑。他笑了一阵，就开开心心地回家去了。

第二天，猎人想："我还得去看看，这家伙到底糟蹋了多少燕麦。"他来到昨天的那个地方一看，一路上到处都是熊的粪便，一直通到森林里。原来，昨天的那只狗熊被吓得拉肚子了。他顺着粪便一直走到森林里，只见那狗熊已经死了。

这么说，冷不防竟把狗熊给吓死了。这狗熊可是森林里最强大、最可怕的野兽呢！

● 虚惊一场

农活儿最忙的时候到了。集体农庄里的每个人都在忙碌着，黑麦收完了，还有小麦；小麦收完了，还有大麦；接下来是燕麦、荞麦。从农庄到火车站的路上，挤满了满载着粮食的大车。

看来，又是个丰收年！

田野里，拖拉机又轰隆隆地响起来，秋播作物已经种完了，现在它们正在翻耕土地，准备明天的春播。

这时，山鹑的一家老小可遭了难！它们刚从秋播庄稼地搬到春播庄稼地，还没安稳下来，拖拉机就来了。它们只好不停地飞呀，飞呀，从这块田地搬到那块田地，最后，它们躲进了马铃薯地。现在，可以停下来喘口气了吧？哎呀！不行，又来了一群人！是集体农庄的庄员，他们来挖马铃薯了！孩子们点燃了篝火，搭起了小灶，将落下的马铃薯捡起来烤着吃，每个孩子的脸都被烟熏得黑黑的，看起来就像小黑鬼，真叫人害怕！山鹑只好又带着全家逃出了马铃薯地。

可是，上哪儿去呢？各处田里的庄稼都收完了。对了，怎么忘了黑麦田？这个时候，秋播的黑麦已经长高了，那里可是不错的栖息地！既有地方找吃的，又可以躲避猎手敏锐的眼睛。

就在山鹑布置新家的时候，森林里的居民惊慌失措起来。在森林边缘出现了一群人，他们正往地上铺干了的植物茎。哎呀，这准是一种新式的捕兽器！森林居民的末日到了！赶快逃命吧！

等等，那是什么捕兽器呀！怎么一层一层的！走近看看，原来是亚麻！这就对了，亚麻只有经过雨水和露水的浸润，里面的纤维才能很容易地取出来。真是虚惊一场！

一起捉强盗

黄篱莺成群结队地在树林里飞。它们从这棵树上飞到另一棵树上，从这丛灌木飞到那丛灌木，它们上上下下，溜来溜去，把每棵树，每丛灌木的每个角落都检查了一遍。

树叶后面、树皮上面、树缝里面，哪里有青虫、甲虫和蝴蝶的幼虫，统统捉出来吃掉。

"啾咿！啾咿！"一只小鸟惊慌地报警，所有小鸟立刻警惕地四下观望。

原来，树下来了一只凶恶的貂，正偷偷地向它们爬过来。它黑色的脊背在枯木之间若隐若现，细长的身子像蛇一样扭动着，贼溜溜的小眼睛，在阴暗中射出火星似的凶光。

"啾咿！啾咿！"小鸟的叫声从四面八方传过来，这一群黄篱莺全体急匆匆地从貂靠近的那棵大树上快速飞走了。

白天还好办。只要有一只小鸟发现敌人，发出警报，全群的鸟都能及时逃脱。可是到了晚上，小鸟们都躲在树枝下睡觉，但是可怕的敌人可没睡觉。

就拿猫头鹰来说吧，到了晚上，它悄无声息地飞过来，它的翅膀很软，所以飞起来动静很小。它看准小鸟睡觉的地方，就立刻用爪子抓。睡得迷迷糊糊的小鸟，吓得惊慌失措地四处逃散。可总有反应慢的两三只被猫头鹰抓住。

黑暗，可真是不妙！

这会儿，这群小鸟在树木和灌木之间翻飞着，跳跃着，它们飞过茂密的丛林，隐藏到丛林深处去了。

在茂盛的丛林中，有一根粗大的树桩。树桩上长着一簇奇形怪状的木耳。一只小篱莺飞过去，想看看里面有没有藏着蜗牛。

忽然，木耳动了起来，一双圆溜溜的眼睛恶狠狠地盯着小篱莺。

这时，小篱莺才看清一张猫儿似的圆脸，脸上有一张钩子似的弯嘴巴。原来，这"木耳"竟然是一只猫头鹰！

小篱莺大吃一惊，连忙向旁边一闪，高声尖叫起来："啾咿，啾咿！"

听到这个声音，所有篱莺都飞了过来，把那个树桩团团围住，一起尖叫起来，好像在喊："有猫头鹰！救命啊！"

这下猫头鹰可被气坏了，它的钩子嘴巴一张一合，发出很响的声音，好像在说："哼！你们把我吵醒了，难道还有理了吗？"

一小会儿的工夫，已经有许多小鸟听到了篱莺的警

报，从四面八方汇聚过来，它们一边盘旋着，一边大声叫着：

"捉强盗！捉强盗！"

小不点戴菊鸟从高大的云杉树上俯冲下来。灵巧的山雀也从灌木中现出身来。它们都勇敢地投入了战斗。

它们一边绕着猫头鹰不停地盘旋，一边冷嘲热讽地挖苦它：

"可恶的大强盗，你来抓我们呀！来呀！你敢在阳光下对我们怎么样吗？你这个该死的夜游神！"

面对这种情形，猫头鹰也无可奈何，大白天的，它能有什么办法呢？所以，它只是生气地把自己硬邦邦的大嘴巴咬得嘎嘎作响。

这时，小鸟们还在络绎不绝地飞来。一开始就参加了战斗的篱莺和山雀尖叫着，吵闹着，造出了很大的声势，引来了一大群新人——长着淡蓝色翅膀的松鸦。它们可是英勇又强壮。

看着鸟儿们越来越多，猫头鹰吓坏了。它挥起翅膀，落荒而逃。

幸亏跑得早，要不然，等会儿有可能连命都要送在松鸦的手里。

松鸦紧跟在它后面，追呀，追呀，一直把它追出了森林。

现在，大家都能松口气了，可恶的大强盗被大家赶跑了，而且短时间内，它一定不敢再回到老地方了。

今天晚上，篱莺们能睡个安稳觉了。

林中大战（五）

我们的通讯员已经转移到第四块砍伐地。大约三十年前，伐木工人在那里砍伐过树木。

在那儿，情况又发生了变化。孱弱的小白桦和小白杨，已经死在它们强大的姐姐手下了。这时，在丛林的最下面一层，小云杉还在沉默而顽强地生长着。

当云杉在阴影里暗暗发育的时候，那些高大健壮的白杨树和白桦树，则依旧享受着阳光雨露的滋润，惬意极了。不过，这样的日子过久了也有些单调，于是老故事又上演了：高一点儿的开始欺负矮一点儿的，粗壮一些的也开始排挤细弱一些的。

那些战败者由于得不到足够的养分和阳光，逐渐干枯死去了。这样，原来密不透风的帐篷上出现了一个个窟窿。

阳光透过这些窟窿直泻下来，落在小云杉的头上。

刚开始的时候，小云杉对这种强光很不习惯，有好些都泛黄生病了。得过一段时间，它们才能习惯光的照耀呢！

它们总算慢慢恢复了健康，换掉了身上第一件针叶外衣。然后，它们开始飞快地蹿高，速度快得甚至令它们的敌人来不及修补头顶上的破帐篷。

很快，这些幸运的小云杉长到和白杨树、白桦树一样高了，长矛一样的枝梢密密麻麻地覆盖在半空中。

这时，白杨树和白桦树才明白过来：由于一时麻痹大意，竟然让这么可怕的敌人住进自己的地盘。它们立刻展开了反击！

我们的通讯员们亲眼目睹了这场惊心动魄的领地争夺战，那才叫可怕呢！

猛烈的秋风中，白杨树和白桦树挥动着它们的长手臂，扑到云杉身上，拼命地击打着这些侵入自己家园的敌人。

就连那些平时只会窃窃私语的小白杨，也挥舞起树枝，扭住身边的小云杉，想折断它们的枝干。

可是，白杨树并不是善战的勇士，它们一点儿弹力也没有，细长的手臂没有一点儿力气。强壮的云杉战士才不怕它们呢！白杨树很快就在这场战争中落败了。

不过，那些白桦树可就不同了。它们的身体很棒，力气又大，弹力也好。只要一阵小风，它们那弹簧似的手臂就会摆动起来，扫清身边的障碍。白桦一晃动身体，那周围的所有树木都得小心了，因为它撞起来真是太可怕了！

现在，白桦和云杉展开了肉搏战！

白桦伸出柔韧的树枝鞭打着它们碰到的任何一棵云

杉。一簇簇针叶在白桦的抽打下掉在地上，许多云杉都受伤了。

只要白桦一扯住云杉的树枝，云杉的针叶树枝就干枯了；只要白桦撞破云杉树干上的一块皮，云杉的树顶就枯萎了。

对付白杨，云杉还抵御得住，可白桦，它们就抵御不住了。

云杉是一种坚硬的树木。虽然它们不容易折断，却也不容易弯曲：它们那直挺挺的针叶树叶，真的很难挥舞起来。

战争的结果究竟会怎么样，我们的通讯员并没有看到：因为还得等上很多年，它们才能分出胜负。

于是，我们的通讯员离开第四块砍伐地，动身去寻找战争已经结束了的地方。

在那儿，他们会带来什么样的消息，我们将在下一期《森林报》上报道。

离别歌

9月——愁眉不展的月份！天空里的乌云越来越密集，风的吼叫声也越来越大。秋天的第一个月开始了！

青草上有了白霜。无数红色的、黄色的树叶从枝头飘下来，森林脱掉了华丽的夏装。

雨燕已经消失了踪迹，家燕、灰鹤、野鸭……也都集合成群，踏上了遥远的旅程。森林里的居民们都在做过冬的准备，把自己裹得严严实实、暖暖和和，或者干脆把自己藏起来。许多生命都中止了，要到明年春天才能开始。

空中越来越空旷，地上也越来越冷清，连水都开始变冷了。白桦树上的叶子已经掉得差不多了。光秃秃的树干上，一个小小的椋鸟房正在随风晃动，里面已经空了。远处传来嘈杂的叫声，椋鸟群正在整装，也许是今天，也许是明天，它们就要上路了。

不知怎么回事，两只椋鸟离开鸟群，朝椋鸟房飞来。雌鸟钻进房里，煞有介事地忙碌起来；雄鸟站在枝头，向四周望了望，然后唱起歌来。它的歌声很小，好

像是专门唱给自己听的。

好一会儿，雌鸟从房里出来，雄鸟的歌也唱完了。它们绕着椋鸟房飞了一圈，便急急忙忙朝鸟群飞去。原来，它们是来告别的。整整一个夏天，它们都住在这所小房子里。

从那儿以后，每天夜里，都会有一批鸟儿离开。它们排着整齐的队伍，慢慢地飞着。这和春天可不太一样，看来，它们都不愿意离开家乡。至于它们飞走的次序，正好和来的时候相反。那些色彩艳丽、羽毛花哨的鸟儿最先离开，而那些在春天时最先回来的燕雀、百灵、鸥鸟则是最后一批。

森林里，告别也在进行。长尾巴的蝾螈，在池塘里住了一个夏天，一次也没出来过。可现在，它爬上岸，找到一个腐烂的树墩钻了进去。青蛙却正好相反。它们从岸上跳进池塘，钻进了深深的淤泥里。还有蛇和蜥蜴，它们躲到树根底下，把身子埋进暖和的青苔里。现在，森林里真凄凉！光秃秃、湿漉漉的，散发着一股烂树叶的味道。

● 与飞禽告别

在城郊，差不多每天夜里都有骚扰声。

人们听见院子里闹哄哄的，便从床上爬起来，把头伸到窗户外去看。只见那些家禽都在使劲儿地扑打着翅膀。出了什么乱子？是黄鼠狼来吃它们了吗？还是有狐狸钻进了院子？可是，在石头的围墙里，在装着大铁门

的房子里，怎么会有黄鼠狼和狐狸呢？

到底是怎么回事啊？

主人们打开窗子。黑洞洞的天空中掠过一些奇形怪状的影子，一个接一个，把星星都遮住了！同时还传来一阵轻轻的、断断续续的叫声。原来是迁徙的鸟群！

它们在黑暗中发出召唤的声音，好像在说："上路吧！离开寒冷，离开饥饿！上路吧！"

所有的家禽都醒了过来。它们踮起脚，伸长脖子，拍打着笨重的翅膀，回应着那些自由的兄弟。过了好一会儿，天空中的影子已经消失在远方，可院子里那些早已忘记怎样飞行的家禽，却还在不停地叫着，那叫声又苦闷，又悲哀。

你们可能以为鸟儿都是从同温层飞向越冬地——都是从北往南飞，是吧？那你可错了！

不同的鸟儿在不同的时候飞走，大多数会选择夜间飞行，因为这样更安全。而且，不是所有的鸟都从北往南飞。有些鸟，秋天的时候从东向西飞。另外一些鸟正好相反——从西向东飞。我们这里还有些鸟一直飞到北方去过冬。

● 从西向东

早在8月里，朱雀就从波罗的海边、列宁格勒省区和诺甫戈罗德省区开始了它们的旅程。它们不慌不忙地飞着。到处都有食物，足够吃喝了，忙什么呀？又不是急着回故乡去筑巢，也不急着养育雏鸟。

我们在它们迁徙的途中看到：它们飞过伏尔加河，飞过乌拉尔一座不高的山岭；现在它们正在巴拉巴——西伯利亚西部的草原上。它们一天天向东飞去，向着日出的方向飞。它们穿过一片片丛林——整个巴拉巴草原到处都是白桦树林。

它们尽可能选择夜里出发，白天休息、吃东西。虽然它们是成群结队地飞，而且群里的小鸟都随时保持警惕，生怕遇到不幸。可是，惨事还会不可避免地发生。只要稍一疏忽，就会被老鹰捉去一两只。西伯利亚的猛禽实在太多了，比如雀鹰、燕隼、灰背隼什么的。它们飞得快极了。每次，小鸟从一片丛林飞往另一片丛林的时候，不知要被那些猛禽捉去多少！晚上会好一些。比起那些猛禽来说，猫头鹰的数量不多。

沙雀在西伯利亚改变方向——它们要飞过阿尔泰山脉，飞过蒙古沙漠。在这艰难的旅途上，有多少可怜的鸟儿要送掉性命呀！

● 从东往西

在澳涅加湖上，每年夏天孵化出来的野鸭像乌云一样，铺天盖地；还有大群的鸥鸟，像白云一般飞来飞去。秋天到来时，这些乌云和白云，就要向西方——日落的方向飞去。一群针尾鸭群和蓝鸥群已经动身飞往越冬地了。让我们坐着飞机跟在它们后面飞吧！

一阵刺耳的呼啸声过后，紧跟着是水的哗哗声、翅膀的扑棱声、野鸭惊天动地的叫声、鸥鸟的呐喊声……

你们听见了吗？

这些针尾鸭和鸥鸟，本来打算在林中湖泊上休息一下，哪知这时偏巧遇到一只迁徙的游隼。游隼发动了袭击，就像牧人的长鞭带着呼啸抽动着空气一样，在已经飞到空中的野鸭背上一闪而过。它的小趾头上的爪锋利得就像一把尖刀，它就用这只利爪，冲破了野鸭群。一只野鸭受伤了，垂下了长长的像鞭子一样的脖子。受伤的鸟儿还没来得及掉入湖中，那动作神速的游隼蓦地一个转身，在水面上一把抓住了它，用钢铁般的利嘴朝它后脑上一啄，就带去当午饭了。

这只游隼简直是野鸭群的瘟神。

它从奥涅加湖和野鸭们一同起飞，和它们一起飞过了列宁格勒、芬兰湾、拉脱维亚……当它吃饱了的时候，就蹲在岩石上或树上，漠不关心地望着群鸥在水面上飞翔，望着野鸭的头在水面上朝下翻转，看着它们成群结队地从水面上飞起，继续向西——向着太阳朝波罗的海的灰色海水里降落的地方飞行。但是，只要游隼肚子一饿，就立刻飞快地赶上野鸭群，逮住一只野鸭来填肚子。

它就这样一直跟着野鸭群，沿着波罗的海海岸、北海海岸飞行，飞过不列颠岛。只有到了那里，这只长着翅膀的"饿狼"好容易不再继续纠缠它们了。因为我们的野鸭和鸥会留在这里过冬。只要游隼愿意，它完全可以跟随别的野鸭群继续向南飞，穿过法国、意大利，越过地中海，向炎热的非洲飞去。

● 向北飞——飞向极夜地区

多毛绵鸭——就是为我们提供冬大衣的鸭绒的那种野鸭——在白海的干达拉克沙禁猎区，安安静静地孵出了它们的雏鸟。这个禁猎区多年以来一直在进行保护绵鸭的工作。大学生和科学家们给绵鸭戴上很轻的金属脚环，为了弄清楚绵鸭从禁猎区飞到什么地方去过冬，有多少绵鸭能够返回禁猎区、返回自己的巢穴，还为了搞清楚这些奇妙的鸟儿的其他各种生活细节。

现在已经知道了，绵鸭从禁猎区几乎是一直向北飞到极夜地区，飞到北冰洋去。那里有很多格陵兰海豹，还有白鲸在拖长声音大声叹息。

不久，白海就要整个被厚厚的冰层覆盖起来。冬天，绵鸭在这里没有东西可吃。它们会聚集在奥涅斯湾。这个海湾距离白海不太远，在这里可以找到艾蒿填肚子。它们还可以从岩石和水藻上啄水里的软体动物吃。这些北方的鸟儿，只要能填饱肚子就行了。

天气越来越寒冷了，周围一片汪洋，一片黑暗。但是它们不害怕，它们天然的绵鸭绒大衣，一点儿寒气都不透，是世界上最暖和的绒毛。何况那里还常常出现北极光，有巨大的月亮，有明亮的星星。就算太阳一连几个月不从海洋里探头，又有什么关系呢？反正北极鸭觉得舒舒服服的，吃得饱，穿得暖，在那儿自由地度过漫长的北极冬夜。

林中大战（完结）

我们的通讯员终于找到了一块地方，在那里，树木种族之间的战争已经结束了。这时，距离战争开始的时间整整过去了100年。

这里，就是云杉的国度。

关于这场战争如何结束的消息，他们是这样向我们描述的。

大批的云杉在与白杨树和白桦树的战争中死去，但最终，占领那片领土的还是它们。它们比敌人年轻，生命力惊人，很快就超过了那些年老力衰的白杨树和白桦树，在它们的头顶上支起一个巨大的帐篷。失去阳光的照射，白杨树和白桦树很快便死去了。

没有了敌人的阻挠，这些云杉长得更快了。它们下面的树荫越来越暗，越来越黑，又一座阴森森的老云杉林耸立起来了！

在那里，没有鸟儿歌唱，也没有野兽出入。四周寂静得厉害，各种各样偶然出现的绿色小植物，都难逃死亡的命运。

冬天是这些树木种族的停战期。到那会儿，树木都会入睡了，它们睡得很沉，宛如死去了一般。

这时候，它们体内的树液会停止流动，它们不吃，不长，迷迷糊糊地呼吸着。

就在这时，我们的通讯员得到了一个新消息：按照计划，今年冬天，这片云杉林就会被砍掉。明年，这里将变成一片新的荒漠。到那时，树木种族之间的战争将重新开始。

不过，这回我们可不允许这样的"大战"再发生了。我们将会干涉这场战争，把一些新树种移到这里。

我们将密切关注这些新树木的生长，必要的时候，我们会在帐篷顶上开几扇窗，让阳光射进来。

那时，一年四季，鸟儿都将在这里歌唱。

围猎

终于又到了10月15日，每年的这个时候，报上就会宣布猎兔开禁了。

大批的猎人把火车站都挤满了。每个人都精神抖擞，为即将到来的围猎做准备。他们都用皮带牵着猎狗，有的人牵着两只或者更多。不过，这些猎狗与夏天时狩猎用的那种长毛犬不同。这些猎狗又大又健康，腿又长又直，身上长着各种颜色的粗毛：有黑的，有灰的，有褐色的，有火红色的；有的带黑斑纹，有的带火红斑纹，有的带褐色斑纹，有的带黄斑纹，还有火红色上面带一大片马鞍似的黑毛。

还有一些特种猎狗，有雌有雄。它们的任务是根据动物留下的痕迹追踪野兽，把野兽从洞穴里轰出来，一面追，一面汪汪地大叫，这样，猎人就能知道，野兽怎样走、怎样兜圈子了，猎人就可以站在野兽必经之地等着，对野兽迎面射击了。

在城市里养这些粗野的大猎狗很困难。所以很多猎人根本没狗可带。我们这一伙人就是这样。

我们准备到塞索伊奇那儿参加围猎兔子。我们一行共十二个人，占了车厢里的三个小间。我们的同伴中有一个大胖子，体重足足有150千克。他刚一上车，就吸引了所有旅客的目光，每个人都惊奇地瞧着他，那神情分明是不相信他也是去围猎的。

的确，大胖子并不是个猎人，他只不过是遵循医生的嘱咐去散步的，因为这对他的身体有好处。不过，对于射击他倒是很在行，打靶时，我们都不如他。

傍晚，我们到达了塞索伊奇那儿。休息了一个晚上后，第二天天刚亮，我们就出发了。和我们一起去的还有十二个集体农庄的庄员，他们是这次围猎的呐喊人。

我们在森林边停了下来。塞索伊奇把十二个小纸条丢在帽子里，让我们十二个射击手按次序抽签。谁抽到几号，就站在几号的位置上。

呐喊人都走到森林外面去了。在宽阔的林间路上，塞索伊奇按照各人抽到的号码，指定我们站的地方。

我抽到6号，胖子则抽到7号。塞索伊奇安排我在指定的位置站好后，便走过去向这个新猎手教授一些围猎的规矩：不能沿着狙击线开枪，不然会打到旁边的人；围猎呐喊人的声音迫近时，要停止射击；不许伤害雌兽；要等信号。

胖子离我大约60步远。猎兔可不像猎熊。猎熊时，两个枪手之间可以隔150步远。塞索伊奇在狙击线上批评起人来可不客气。我听见他在教导胖子：

"你干吗往灌木丛里钻？这样不方便开枪。你得

跟灌木丛并排站着。不客气地说，您的腿就像两根大木头。兔子是瞧下面的。您把腿拉开点儿，这样兔子就会把您的腿当成树墩的。"

教训完胖子，又把所有射击手安排好以后，塞索伊奇跳上马，到森林外面去布置围猎的人。

还要等很久围猎才开始呢，于是我打量起了周围的环境。

在我前面40步远的地方，耸立着一些光秃秃的白杨和叶子已经落了一半的白桦，其中还夹杂着好些黑黝黝、毛蓬蓬的云杉，好像一堵墙似的。或许过一会儿，从森林深处，穿过这些由笔直的树干围绕而成的林子，就会有兔子从里面蹿出来，运气好的话，还可能有松鸡。我一定能打中的！

时间过得真慢，我瞅瞅胖子。他不停地换着双腿，也许是想把腿又得更像树墩吧……

森林是如此的寂静。就在这时，森林外传来了两声又长又响亮的号角声：这是塞索伊奇催促围猎呐喊队伍向前推进的信号。

大胖子抬起了那对"火腿"般的胳膊，举起双筒枪，就像举着一根手杖一样。他认真地瞄着前方，一动也不动。

他可真奇怪！准备得这么早——胳膊会发酸的。

呐喊的声音还是没有传来。

可是枪声已经响起来了——沿着狙击线，先是右面响起了一声枪响，接着又从左面出来了两声响枪。别人都开始射击了，可是我还没开枪呢。

大胖子也用双筒枪发射了——砰砰！他在打琴鸡，可是琴鸡高高地飞走了——没打着。

现在，可以隐隐约约听见呐喊人微弱的呼应声、木棍敲打树干的声音。从两侧也传来了叮叮当当的锣声……可是，没有什么东西冲我飞来，也没有东西向我这里跑过来。

来了！一个白里带灰的小家伙，在树干后面掠过，原来是一只还没褪完毛的白兔。

哎，这是我的！嘿，小家伙，拐弯了！朝大胖子蹿过去了……哎，大胖子，你动作怎么那么慢呀？快开枪呀！开枪呀！

砰砰！

没打中……白兔惊慌地向他直冲过去。

砰砰！

一团白色的东西从兔子身上飞了起来。兔子吓得惊慌失措，竟然从那树墩似的两条腿当中钻了过去。大胖子赶紧把两腿一夹……

难道有人用腿捉兔子吗？

白兔钻了过去。大胖子那庞大的身躯却整个扑倒在地上。

我情不自禁，笑得前仰后合，眼泪都出来了。透过泪水，我看见有两只白兔一同从森林里蹿到我的面前，但是我不能开枪，因为兔子是沿狙击线逃跑的。

大胖子慢慢地曲起膝盖，跪着站了起来。他给我看他手里抓着的一团白毛。

我对他喊道："没事吧？"

"没关系，尾巴尖还是让我给夹下来了。兔子的尾巴尖！"

真是个怪人！

射击停止了。呐喊的人们从森林里走了出来，都向大胖子走去。

"叔叔，你是神父吗？"

"肯定是，你瞧他的肚子。"

"这么胖！真不敢相信。一定是衣服里塞满了野味儿，所以才这么胖。"

可怜的射击手呀！在城里，在我们的打靶场上，谁会相信有这样的事儿！

这时候，塞索伊奇已经在催促我们到田野里进行第二轮的围猎——田野围猎。

我们这一大群人吵吵嚷嚷，又沿着林中路往回走。我们的后面是一辆大车，载着猎物和大胖子。他很疲劳，一个劲儿地喘着粗气。

猎人们对这可怜虫才不留情呢：一路上，冷嘲热讽像雨点似的朝他洒过来。

忽然，在森林上空，从路拐弯的后面，一只大黑鸟飞了起来，它的个头有两只琴鸡那么大。它沿着道路飞，从我们面前飞了过去。

大家都急忙端起枪，密集的枪声响彻了森林：每一个人都迫切地开枪，想把这只少见的猎物打下来。

大黑鸟还在飞着，已经飞到大车的上空了。

大胖子也举起了枪，依旧坐着，用那对"火腿"胳膊举着那只小手杖。他开枪了！

大家看见大黑鸟像只假鸟一样，在空中把翅膀一耷拉，突然停止飞行，像块短木头般从空中掉到路上。

"好枪法！"一个集体农庄庄员说，"简直是个神枪手！"

我们这些猎人都不好意思地沉默着：刚才所有人都开枪了，所有人都看见了……

大胖子拎起这只刚打到的猎物，仔细一看，居然是一只长着胡子的老雄松鸡，它比兔子还要沉呢。如果他愿意，我们所有人都宁可用今天自己打到的全部猎物和他交换这只野禽。

冷嘲热讽结束了。大家甚至忘记了他用腿捉兔子。

无线电通报（三）

这里是《森林报》编辑部。今天是9月22日，是秋分日。我们继续用无线电交换报告各地的情形。苔原、森林、草原、沙漠，现在请你们讲讲，你们那里的秋天是什么情况?

● 这里是雅马尔苔原

我们这儿什么都结束了。夏天，这里曾经是热闹的鸟儿的集市，现在却连一声鸟叫也听不到了。雁呀、野鸭呀、鸥呀、乌鸦呀，都飞走了。周围一片沉寂，只是偶尔会传来一阵可怕的骨头撞击的声音，那是雄鹿用角在搏斗。

早晨的严寒从8月就开始了。现在，水都给冰封起来了。捕鱼的船早已开走了。白昼越来越短。长夜漫漫，又黑又冷。

● 这里是乌拉尔原始森林

我们这儿正忙着迎来送往。每天都会有大批的鸟儿从北方飞过来。它们会在这儿休息一下，吃点儿东西，然后再上路。而夏天住在这里的鸟儿，也都忙着收拾行装，到温暖的地方去过冬。

风从白桦、白杨和花楸树上扯掉枯黄、发红的叶子。金黄色的落叶松的针叶变得粗糙了。每天晚上，金黄色的树枝上，会飞来一些笨重的、长着胡子的雄松鸡。它们浑身乌黑，蹲在金黄色的针叶间大吃大喝。榛鸡在黑黢黢的云杉间尖声叫着。这里飞来了许多红胸脯的雄灰雀和淡灰色的雌灰雀、深红色的松雀、红脑袋的朱顶雀和角百灵。这些鸟也是从北方飞来的，但是它们不再往南飞了——它们觉得这里就很好。

● 这里是中亚细亚沙漠

我们这里正在过节，因为暑热已经消退，这里又像春天一样生机勃勃了。

雨下个不停，草又变绿了，那些为了躲避太阳藏了一个夏天的动物也出现了。

细爪子的金花鼠从深洞里钻出来；拖着一条长尾巴的跳鼠从这儿跳到那儿；夏眠的巨蟒醒了过来，开始忙着捕捉猎物；草原狐、沙漠猫、快腿的羚羊都出来了，鸟儿也飞来了。

现在，这里不再像沙漠了：这里有的是绿色，有的是生命。

● 这里是帕米尔山

　　我们这里，在同一个时间里，既有夏天，又有冬天：山脚下是夏天，山顶上是冬天。

　　可现在，秋天来了。冬天开始从山顶上往下降，从云端里下降，把生命从山顶往下挤。

　　野山羊、野绵羊、雄鹿、野猪，都沿着山顶下山了。山下的溪谷里，突然出现了许多鸟儿：角百灵、草地鹨、红背鸲……它们是从遥远的北方飞来过冬的。

　　在我们这山的下面，现在常常下雨。随着一场场的秋雨，眼看着冬天就要来了——山上在落雪呢！

　　田里正在采摘棉花；果园里正在采摘各种各样的新鲜水果；山坡上正在采摘胡桃。

　　至于山顶上，已经积满了白雪，道路无法通行了。

● 这里是乌克兰草原

　　许多活蹦乱跳的小球，沿着被太阳晒焦的平坦草原奔跑、跳跃。它们飞到人跟前，把人包围住，还往人的脚上砸，可是，你一点儿都不觉得痛，因为它们太轻了。它们根本不是什么小球，而是圆圆的一团干枯的草，长着干干的茎，茎端向周围翘着。现在，它飞过了土丘和石头，飞到小丘后面去了。

　　这是风把一丛丛成熟的风滚草连根拔了起来，在草原上推着它们像滚轮子一样跑。在滚动的过程中，它们也趁机把种子撒播出去。

　　用不了多久，热风就要停止在草原上游荡了。保护农田的森林带已经耸立起来了。它们将挽救我们的收成，使庄稼不被旱灾毁掉。灌溉渠已经在伏尔加河-顿河列宁通航运河上打通了。

在我们这里，现在正是打猎的好季节。芦苇荡里，各种各样的水禽挤在一起，有本地的，也有路过的。峡谷里，聚集着一群群肥肥的小鹌鹑。草原上到处都是兔子，狐狸和狼也多得很。你高兴用枪打，就用枪打；乐意放猎狗捉，就放猎狗捉吧！

● 这里是海洋

我们正穿过北冰洋的冰原，进入太平洋。一路上，我们常常碰到鲸！真想不到，世界上竟然有这样令人惊奇的动物！我们曾看到一条鲸，不是露脊鲸，就是鲯鲸，身长足足有20米！光是它的大嘴巴，就可以容得下一艘木船！这还不是最大的！我们还遇到过一条蓝鲸，有30多米长！当然，还有别的。在白令海峡，我们见过海狗；在铜岛附近，我们见过海獭；在勘察加的岸边，我们还见到了一些巨大的海驴。可是，比起那些鲸，它们还是显得太小了！

August | 储备粮食月

赶快准备好过冬

10月——落叶和泥泞主宰了世界！西风从树上扯下最后一批树叶。秋天完成了它的第一个任务——给森林脱衣裳。现在，它开始做第二件事：将水变凉。早晨，水面上出现了一层松脆的薄冰。过不了多久，它们就会全部被冰封起来了！

森林里更冷清了。老鼠、蜈蚣、蜘蛛都不知藏到哪儿去了。蛤蟆钻进烂泥堆，蜥蜴躲到树皮下，都冬眠了！在这个秋风肆虐、秋雨扰人的月份里，我们将迎来七种不同的天气：播种天、落叶天、毁坏天、泥泞天、怒号天、倾盆天和扫叶天。

森林里的每一个居民，都在以自己的方式准备过冬。

忍受不了饥饿和寒冷的，都扇动翅膀飞到别处去避寒躲饥了；留下来的，都在急忙准备着过冬的粮食，填满自己的仓库。

干得最起劲的就是短尾野鼠。它们把洞直接挖在禾草垛里或粮食垛下面，每天夜里不停地往那里偷运粮食。

每一个洞都有五六个小过道，每一个过道都通向一个洞口。地底下还有一间卧室和几间小仓库。

冬天，野鼠要到天气最冷的时候才开始睡觉，因此它们有时间储存好大批的粮食。有些野鼠洞里，甚至已经收集了四五千颗精选的谷粒。

这些小啮齿科动物专门在庄稼地里偷粮食，所以我们得防备它们祸害庄稼。

短耳朵水老鼠，夏天住在自己建起来的别墅里。别墅坐落在小河边，有一个过道从房门口斜着向下，一直通到小河里。现在，短耳朵水老鼠从小河边的别墅搬到了草场上。在那里，它已经为自己建好了一座又温暖又舒适的住宅。卧室被安排在一个大大的草墩下，里面铺着柔软、暖和的草。

储藏室在最里头，收拾得很干净。五谷、豌豆、蚕豆、葱头和马铃薯，都按严格的秩序分门别类，堆放得整整齐齐。

松鼠在树上有好几个圆圆的巢。它把其中一个圆巢收拾出来做了仓库，把在林中收集起来的小坚果和球果藏在里面。另外，它还采了许多蘑菇，把它们穿在折断的树枝上晒干，留到冬天当点心吃。

姬蜂给它的孩子找到一个奇怪的储藏室。

姬蜂振动翅膀的速度很快。它的一双眼睛长在朝上卷曲的触角下面，非常敏锐。它还有一个非常纤细的腰，细腰把它的胸部和腹部分成两截；腹部下面的尾巴尖处，有一根细长挺直的尾针，就像我们缝衣服的针。

早在夏天，姬蜂便给它的幼虫找好了过冬的地方，

那是一条又肥又大的蝴蝶幼虫。当时，这只蝴蝶幼虫正在贪婪地吃树叶。姬蜂扑过去，用细长的尾针在它的身体上钻个小洞，把卵产在这个小洞里。随后，姬蜂便飞走了，蝴蝶幼虫继续吃着树叶。

秋天到了，蝴蝶幼虫结了茧，变成了蛹。这时，姬蜂的幼虫也从卵里孵出来了。它躲在这个坚固的茧里，又暖和又平安。你完全不用担心它吃什么，因为那个蝴蝶蛹足够它吃上整整一年！

当夏天再次来临的时候，茧打开了，可是，从里面飞出来的并不是蝴蝶，而是一只身子细长挺拔、全身呈现黑红黄三个颜色的姬蜂。姬蜂是我们人类的朋友，因为它杀死了很多有害的昆虫幼虫。

不过，并不是所有的动物都像上面提到的动物那样用心。许多居民甚至没有给自己准备储藏室，因为它们的身体本身就是个储藏室。

在食物丰富的那几个月里，它们整天大吃特吃，将自己养得胖胖的，浑身上下都是脂肪。然后，在冬天来临时，它们开始倒头大睡，一直睡到春天来叫醒它们。这段时间里，它们需要的所有养料都来自那身厚厚的脂肪。熊啊、獾啊、蝙蝠啊，选择的都是这个办法。

当然，除了这些动物，树木和草族也在准备过冬。那些一年生草本植物已经播下了它们的种子。赤杨、白桦和榛子树，也已经准备好了荑黄花序。明年春天，这些荑黄花序只要挺直身子，把鳞片张开，就能开花了。

● 夏天又来了吗

突然之间，天又变得暖和起来。黄澄澄的蒲公英和樱草花从草丛里探出头；蝴蝶在林间飞舞，蚊虫成群结队，在空中盘旋。不知打哪儿飞来一只小巧的鹡鸰，站在枝头唱起歌，那歌声是那么热情、那么嘹亮！

难道夏天又来了吗？

可不是吗？连池塘里的冰都化了！于是，集体农庄的庄员们决定把池塘整理一番。他们从池底挖出许多淤泥，然后便走开了。

太阳暖暖地照着。突然，一团淤泥动了起来，从里面伸出一条腿！原来这不是泥团儿，而是浑身裹着烂泥的青蛙！它们本来是到池底过冬的。但庄员们并不知道，所以把它们同淤泥一起挖了出来。现在，太阳一晒，它们都醒了过来。这可不行，得找个更清净的地方，免得睡得稀里糊涂的，再被人给挖出来。

于是，这几十只青蛙像商量好似的，朝着大路的方向跳去。在大路另一边，隔着打麦场，有一个更大的池塘！可是，秋天的太阳是靠不住的。突然就变天了！乌云遮住了太阳，寒冷的北风刮起来了！这些可怜的小家伙被冻得直打哆嗦。它们用尽全身的力气跳跃着，可还是抵挡不住刺骨的寒风。不一会儿，它们便被冻僵了！

"女妖的扫帚"

现在，许多树木都变得光溜溜的，可以看到好些夏天看不到的东西了！

瞧，那儿有一棵白桦树，上面布满了乌鸦的巢。可是，等你走近了再看，根本不是鸟巢，而是一束束向四面八方生长的、黑不溜秋的细树枝，我们把它叫作"女妖的扫帚"。

想想我们听过的那些关于女妖或巫婆的童话吧！她们长相恐怖，性格怪异，经常骑着一把长长的扫帚，在空中穿梭。

"不论是巫婆还是女妖，都离不开扫帚，扫帚是她们出行的工具。所以，她们便在树木上涂上一层药，叫那些树的树枝上，长出一把把扫帚。"几乎每个讲童话的人，都会这么说。

这种说法对吗？当然不对了！

其实，树木上之所以长出"扫帚"，是因为它们生病了！这种病是一种小扁虱引起的。

这种扁虱又小又轻，靠吸食树木芽里的汁液为生。

风吹来的时候，会把它吹到某棵树的树枝上面，它就会快速地钻到那棵树枝的胚芽里面，这么一来，那个芽就生病了。等发育的季节一到，它便以神奇的速度生长起来，足足比那些普通的芽快上6倍！等到那个病芽发育成一根嫩枝的时候，扁虱的孩子也就出生了。

这些扁虱钻进这根嫩枝的侧枝，继续吸食它们的汁液，使那些侧枝又生出侧枝。于是，在原来只有一个芽的地方，便生出了一把"扫帚"。

不单单是白桦，赤杨、山毛榉、松树、冷杉上，还有其他各种乔木、灌木上，都可能有"女妖的扫帚"你可以多多留意哦。

迁徙的秘密

一个阴雨绵绵的早晨，灰乌鸦离开了我们，这是最后一批飞走的鸟儿。不过，困扰在我们脑子里的疑问并没有随着灰乌鸦的离开而随之消散：为什么鸟儿会不停地迁徙？难道仅仅是因为饥饿和寒冷吗？可为什么有些鸟儿要等到上冻了、下雪了，没有东西可吃了，这才离开？而有的鸟儿却总是在一个固定的日期飞走，尽管那个时候它们周围还有许多食物？

更主要的问题是，它们又是怎么知道越冬地在哪儿，该沿着什么路线才能飞到那儿呢？

你可能会说，这还不简单？既然长着翅膀，那么乐意往哪儿飞，就往哪儿飞呗！至于去的地方，暖和就行了！反正那些气候适宜、食物丰富的地方有的是！

可实际上并不是这样。比如我们这儿的朱雀，会飞到印度过冬；而西伯利亚的游隼，却经过印度和几十个适于过冬的地方，一直飞到澳大利亚去。

这样看来，促使那些鸟儿飞越千山万水、飞到遥远地方去的，并不光是由于饥饿和寒冷这样一个简单的原因，而是鸟类的一种不知由何而来的、更复杂的原因。

于是，有人说，这是因为在远古时候，我们国家大部分地区都曾经屡次遭受冰河的侵袭。到处沉甸甸的冰河以排山倒海之势迅速覆盖了整片平原，之后又慢慢地退却了，这个过程整整持续了数百年。后来，冰河又卷土重来了，几乎席卷了所到之处的一切生物。

而鸟儿却靠着它们的翅膀保全了性命。可是，它们的家已经被毁了。于是，第一批鸟飞走了，占据了冰河边的土地。下一批只好飞到远一些的地方，第三批更远……一批接一批，就好像在玩跳背游戏。等冰河退去的时候，被它们从家里赶出来的鸟儿们开始返回故乡。飞得不远的，最先回来；飞得远一些的，第二批回来；飞得更远的，再下一批回来—— 这回，游戏颠倒过来了！这种跳背游戏玩得慢极了——几千年才跳完一次。

很有可能，就是在这样的飞走飞回的过程中，鸟儿们养成了一个习惯：秋天，天气冷起来的时候，离开自己的筑巢地；春天大地回温时，再返回来。这样的一种习惯仿佛"渗入了血肉"，被长期保留了下来。因此，候鸟每年从北往南飞。这也是地球上那些没有受过冰河侵袭的地方，没有大批候鸟的原因。

可是，并不是所有的鸟儿都向南—— 向温暖的地方飞，也有些鸟儿是向别的地方，甚至向更冷的北方飞！

有些鸟儿离开故乡，只因为这里的大地被雪深深地覆盖了，水也被冰冻起来了，它们没有什么东西可吃，饥饿难忍所以离开。只要大地出现一点儿融化的迹象，

秃鼻乌鸦、椋鸟、云雀等等，就会马上飞回来；只要江河湖泊上有一点点融化后的水，鸥鸟和野鸭也立刻赶来。

绵鸭无论如何也不会留在干达拉克沙禁猎区过冬，因为冬天白海会被一层厚厚的冰层覆盖起来，什么食物也找不到。它们不得不往北方飞，因为那里有温暖的墨西哥暖流流过，那里的海水一冬都不会冻结。

如果在冬天，从莫斯科向南走，很快就到了乌克兰。在那里，我们能看到秃鼻乌鸦、云雀和椋鸟。只不过这些鸟儿飞到了比留鸟——云雀、灰雀、黄雀等稍远一点的地方去过冬。在我们当地，过冬的鸟儿通常都被称为留鸟。要知道，许多留鸟并不是一直居住在一个地方，它们也要迁徙。只有城里的麻雀、寒鸦、鸽子，森林和田野里的野鸡，才会一年四季住在同一个地方；其余的鸟儿，有的飞得近些，有的飞得远些。那到底怎么判断哪一种鸟是真正的候鸟，哪一种鸟只是移栖的鸟呢？

就拿朱雀来说吧，这种红色的金丝雀，你就很难说它是移栖的。黄鸟也是一样：朱雀飞到印度去，黄鸟会飞到非洲去过冬。它们属于候鸟的原因，好像跟大多数候鸟不一样。它们并不是因为冰河的侵袭和退却而迁徙，而是别的什么原因。

雌朱雀看起来跟普通麻雀没什么分别，但是头和胸部长着鲜红色的羽毛。更令人惊奇的是黄鸟，它浑身上下是纯金色的，却有两只黑翅膀。你不由得会想："这些鸟儿的服装多么华丽呀……在我们北方，它们真的算是本地鸟吗？它们是来自遥远的热带国家的客人吗？"

很有可能是这样。黄鸟是典型的非洲鸟，朱雀是印度鸟。也许情形是这样的：在它们的故乡，像它们那样的鸟儿出现了过剩的现象，因此年轻的鸟儿不得不为自己寻找新的居住地孵小鸟。

最终，它们把目光瞄准了并不太拥挤的北方。毕竟，北方的夏天并不冷，甚至连那些刚出生的浑身光溜溜的雏鸟，也不必害怕会伤风感冒。等到天冷时，它们再返回故乡过冬。就这样，来来回回几千几万年，便养成了迁徙的习惯。

上面这些关于鸟儿迁徙的假定，也许很有道理。可是下面这些问题怎么解答呢？

我们知道，候鸟飞行的路程，往往超过几千千米。那么，它们是怎么认路的呢？

以前，人们认为，在每个迁徙的鸟群里，至少有一只老鸟。这只老鸟率领着整个鸟群，沿着它所熟悉的路线飞往过冬地。现在，这个说法被推翻了！因为我们亲眼见过，从我们这儿起飞的许多鸟群中，连一只老鸟也没有！可它们依旧在规定的日期到达了过冬地，没出一点儿差错！这真是令人百思不得其解。这些年轻的鸟儿，第一次离开家乡，它们怎么知道越冬的路线呢？

亲爱的读者，看来你们得好好研究一下鸟类迁徙的秘密了。或者也说不定，这个秘密还会留给你们的孩子去研究！提示一下：要解答这个问题，首先得放弃像"本能"这类难懂的词汇，转而从鸟儿的智慧出发，要彻底搞明白：鸟儿的智慧和人类的智慧有什么不同！

地下的搏斗

在距离我们集体农庄不远的森林里，有个出名的獾洞。这是因为它虽然叫作"洞"，实际上却是一座几乎被獾挖通了的山冈，里面纵横交错，形成了一个完整的地下交通网。

塞索伊奇带我去看了那个"洞"。我围着它转了一圈，数了数，一共有六十三个洞口，这还不算那些隐藏在灌木丛中、从外面根本看不出来的洞口。

谁都看得出来，住在这座宽敞的地下隐蔽所里的不仅仅是獾。因为在几个入口处，有成堆的甲虫在蠕动——有埋葬虫、推粪虫和食尸虫。还乱堆着许多鸡骨头、山鸡骨头和松鸡骨头，还有许多兔子的脊椎骨。这可不是獾干的！它从不捉鸡和兔子。况且，獾很爱干净，从来不把吃剩下的食物乱丢。所以，我们可以很肯定地说：这里还住着狐狸！它们狡猾、邋遢，最爱吃的就是鸡和兔子！

塞索伊奇说："我们这儿的猎人用了好多办法，想把獾和狐狸挖出来，可总是白费力气。不知道那些狐狸

和獾都溜到了什么地方。在这儿，什么也没挖出来。"

他沉默了一会儿，又补充说："现在，我们来试试看吧，用烟把里面的家伙熏出来。"

第二天早晨，塞索伊奇和我，还有一个小伙子，我们一行三个人向山冈走去。一路上，塞索伊奇老是开那个小伙子的玩笑，一会儿说他是烧炉工人，一会儿又说他是伙夫。

我们三个人忙了半天，才把那个洞府所有的洞口都堵上，只留下山冈下面的一个和山冈上面的两个没有堵。我们搬来一堆枯树枝放在下面那个洞口。

我和塞索伊奇两个人各自站在上面的洞口附近，躲在小灌木丛的后面。小伙子在另外一个洞口点起火来。很快，火堆冒出了冲鼻的浓烟。一会儿工夫，烟就冲到洞里去了。

我们这两个射击手在埋伏的地方，焦急地等待着浓烟从洞口冒出来。机灵的狐狸也许会早一点蹿出来吧？也有可能是一只又笨又懒的肥獾先出来。又或许在那个地下洞府里，它们已经被烟熏得迷了眼睛。

可是，洞里的家伙可真有股耐力呢！

我看到烟升到我和塞索伊奇这边的灌木丛后面来了。估计等不了多久，就会有野兽打着喷嚏和响鼻跳出来了。枪已经端到肩膀上了——可不能让那行动敏捷的狐狸跑掉！

烟越来越浓，一团团地往外冒，弥漫到灌木丛旁边来了，熏得我睁不开眼睛，眼泪都流出来了。可是野兽

还是没有出来。手托着放在肩上的枪，非常累。我不得不把枪放下了。

我们等了又等。小伙子一个劲儿地往火堆里添加枯树枝。可是，我们还是没有等到一只野兽。

"你以为它们被烟给熏死了？"在回去的路上，塞索伊奇说，"没有，老弟，它们一定没有被熏死！因为烟在洞里是往上面升的，可它们钻到地底下去了。谁知道它们那个洞有多深啊！"

这次的失败使塞索伊奇很不高兴。为了安慰他，我对他说："也许应该弄一只凫①来，这种猎狗很凶猛，可以钻到洞里把野兽撵出来。"

塞索伊奇一听兴奋极了，央求我无论如何也要给他弄这样一只猎狗来。我答应帮他想办法。

这件事过去不久，在我去列宁格勒时，一个熟识的猎人将他心爱的凫借给了我。

我立刻赶回农庄，可是当我把小狗带去交给塞索伊奇的时候，他竟然对我发起脾气来：

"你怎么啦？是来取笑我的吗？这样一只小老鼠，别说是老公狐，就是小狐狸，也能把它咬死的。"

塞索伊奇是个小个子，他对此一直很不满意，别的小个子（包括狗在内），他都瞧不起。

凫的外表的确很滑稽：又小又矮，身体细长，四条小腿儿歪歪扭扭的。可是当塞索伊奇满不在乎地向它

---

❶凫：一种身长腿短、叫声响亮的德国种猎狗，能把躲在洞里的野兽吓唬出来。

伸过手去的时候，这只粗野的小狗立刻龇出了锋利的牙齿，发出恶狠狠的咆哮，朝塞索伊奇猛扑过去。塞索伊奇连忙向旁边一闪，说了句："好家伙！真够凶的。"

我和塞索伊奇出发了，刚走到山冈前，凫就吼叫着冲进了黑咕隆咚的洞里。

我和塞索伊奇握着猎枪在洞外等着。那洞深极了，站在外面什么也看不见。我忽然有些担心：万一凫出不来，我还有什么脸面去见它的主人呢？

就在我胡思乱想的时候，地下传来了响亮的狗叫声，看来它已经发现了猎物。叫声持续了一会儿，便停止了。我们知道，凫一定追上了猎物，正和它厮杀呢！

这时我才忽然想到：通常，这样打猎时，猎人会带上铁锹，等猎狗在地下和敌人一交战，便动手挖它们上面的土，以便在猎狗失利的时候帮助它！可现在，在这个不知道有多深的洞里，我们怎么给它帮助？怎么办？凫一定会死在洞里的！谁知道里面有多少只野兽啊！

忽然，又传来几声闷声闷气的狗叫。我还没来得及高兴，所有的声音又突然消失了！

"老弟，咱俩可是干了件糊涂事儿！"塞索伊奇懊悔地说，"它一定是遇到狐狸或老獾了！"

他的话音还没落，突然从一个洞口传来一阵窸窸窣窣的声音。一条尖尖的黑尾巴从洞里伸了出来，接着是两条弯曲的后腿和长长的身子，上面沾满泥土和血迹！是凫！

我们高兴地奔过去。这时，凫已经从洞里钻出来了。

September | 冬客临门月

依旧热闹的森林

11月，秋天开始做第三件事：给水戴上枷锁，再用雪把大地盖起来。河面上亮闪闪的，冰已经把水封了起来，但如果你走过去踩它一下，它就会咔嚓一声裂开，把你拽进冰冷的水里。

不过，现在还不是冬天，只是冬的前奏曲。几个阴天以后，太阳会出来一会儿。黑色的蚊虫从树根下钻出来，金黄色的蒲公英也悄悄探出头。但树木都沉睡了，要到明年春天才能醒来。

● 坚强的草本植物

森林里静悄悄的，远没有春天和夏天那样热闹，预示着寒冷的冬天正一步步向我们走来。

我挖开雪，发现了一些一年生的草本植物。它们只能活过一个春天、一个夏天和一个冬天。可是今年秋天，我发现它们并未全部枯死。已经是11月的深秋了，许多草还是绿的！雀稗还坚强地活着。这种草在农村非常普遍，一般长在房前。它的茎错综交织地铺满地面，开着不起眼的粉色小花。还有蓝堇。它是一种十分漂亮的小草，长着向外微微张开的小叶子，开着淡粉色的小花。我们常常能在菜园里看到它的身影。

这些一年生的草生命力十分顽强，也好端端地活着呢。不过，到了春天，它们就都没有了。这些小草，为何现在非要在雪地里生活呢？要想弄清这个问题，还得好好研究一番呢。

● 冬客

突然，在黑色的沼泽地上，出现了许多快活的五颜六色的花儿。那些花儿飞舞起来了。它们大得出奇——有白色的、红色的、绿色的，还有金黄色的，在阳光的照耀下闪烁着夺目的光。它们有的落在赤杨树枝上，有的站在白桦树的树皮上，有的掉在地上，有的在空中颤动着鲜艳的翅膀。

那些花儿怎么动了起来？从这棵树跑到那棵树，从这片树林飞到那片树林？它们是什么？从哪儿来的？

原来，是我们的冬客来了！

瞧，红胸脯的朱顶雀、烟灰色的太平鸟、绿色的交嘴鸟、黄羽毛的金翅雀……它们都是从遥远的北方飞来的。

当然，并不是所有的冬客都来自北方。那些在矮小的柳树上婉转啼叫的白山雀就是从东方飞来的。它们飞过风雪咆哮的西伯利亚，越过山峦重叠的乌拉尔，飞到我们这里。它们要在这里待上整整一个冬天。

黄雀和朱顶雀吃赤杨和白桦结的籽。太平鸟和灰雀

吃山梨和浆果。而交嘴鸟则吃松子和云杉籽。总之，它们都能在这里填饱肚子。

矮矮的柳树上，突然出现了一群小精灵。这些小精灵在灌木丛间飞来飞去，用那有黑钩爪的细长脚爪，东抓抓，西抓抓的。花瓣似的白翅膀在空中忽闪着，发出轻盈而和谐的啼啭声。这是山雀，白山雀。

这些鸟是来自东方的客人。它们的故乡在西伯利亚，那里早已进入隆冬，深雪早已覆盖住全部的草丛。于是，这些精灵们飞越乌拉尔山脉来到了我们这里。

● 貂追松鼠

乌云遮住了太阳，天上飘起雪来。鸟儿们回家了。

一只肥胖的獾呼哧呼哧地向自己的洞口走去。它的心里很不痛快：森林里又泥泞又潮湿。看来应该早一点儿钻到干燥、整洁的沙洞里去睡懒觉！但松鼠可不这么想，它们坐在松树上，大嚼着松果。

突然，从一堆枯树枝里露出一团白色的皮毛和两只锐利的小眼睛，是貂！它顺着树干飞快地向上爬去，可松鼠已经发现了，跳到了另一棵大树上。

貂当然不甘心，它把细细的身子缩成一团，脊背弯成弧形，纵身一跳，也跳上了那棵大树。松鼠沿着树干飞跑起来，貂在它身后紧紧地跟着。松鼠的身子灵活，可是貂的身子更灵活。

松鼠跑到树顶，不能再往上跑了，附近没别的树。

貂眼看就要追上它了……

　　松鼠伶俐地从一根树枝跳上另一根树枝，然后向下一蹦。貂继续紧追不舍。松鼠在树枝的梢头上跳，貂在粗一些的树干上追。松鼠继续跳呀跳呀，跳到了最后一根树枝上。

　　下面是地，上面是貂。没有思考的余地了：松鼠一下跳到地上，往另一棵树上跑了。到了地上，松鼠自然斗不过貂。貂三步两步就追上了松鼠，把松鼠扑倒了。

● 最后的飞行

　　每年11月的最后几天，已经吹集了成堆的白雪。即使天气突然变暖和了，雪也不会融化。

　　清晨，我出来散步时见到，无论是灌木丛里还是树林间的道路上，到处飞舞着黑色的蚊蚋。它们无精打采地飞着，一副有气无力的样子。它们从下面的什么地方升起来，好像被风拉扯着在空中兜了一圈，然后就横七竖八地散落到雪地上。

　　午后，一缕微弱的阳光透射进来，雪开始融化了。树上的雪块开始向下掉落。行走在林间的小道上，每当你抬起头，就会有融化的雪水滴入你的眼睛，或是有一小团又湿又凉的雪花落在你的脸庞，带给你惬意的感受。

　　这时候，不知从哪儿又飞来了一群群小蝇子，黑黑的。这种蚊虫和小蝇子，你在夏天是绝对不会看到的。小蝇子高兴地飞着，只是飞得很低，紧紧地擦着地面。

　　傍晚时分，天气又凉了一些。瑟瑟秋风有些刺骨的寒冷。小蝇子和蚊蚋又不知藏到哪儿去了。

住在松鼠洞里的貂

貂是森林里最狡猾的动物之一。要想找出它捕食鸟兽的地方并不太难，通常，那里的雪会被踩得稀烂，而且有一些血迹。可是，要想找到它吃饱喝足后藏身的地方，就需要一双锐利的眼睛了。

它们是在空中奔跑的，从这根树枝跳到那根树枝，从这棵树跳到那棵树，跟灰鼠一样。不过，如果细心观察，还是会发现一些它们留下的痕迹：一些折断的小树枝、绒毛、球果、被抓下来的小块树皮等哩哩啦啦地从树上落到地上。

一个有经验的猎人，凭着这些痕迹就能判断出它们在空中的道路。这条道路有时很长，有好几公里长。得非常仔细才能准确地跟踪它，并根据"线索"才有可能找到它。

那次，塞索伊奇发现了一只貂的痕迹，因为没有带猎狗，所以他独自顺着痕迹追了过去。

他穿着滑雪板走了很久。一会儿很有把握地走上一二十米，因为在那里，貂曾经落到雪地上，留下了脚

印；一会儿却只能慢慢向前走，全神贯注地找出那些不易察觉的标志。

他老是唉声叹气，懊悔没有把自己心爱的猎犬带出来。不然的话，肯定省事多了。

黑夜来临时，塞索伊奇还没有见到貂的影子。他找了块空地，生起一堆篝火，掏出一块面包嚼起来。好歹先熬过这漫长的冬夜再说。

第二天早晨，那些痕迹把塞索伊奇带到一棵已经枯死的云杉前。在这棵云杉的树干上，他发现了一个树洞。真走运！那只貂一定是在这洞里过夜的，而且很有可能还没出来！

兴奋的塞索伊奇仿佛看到了貂就在自己的手中。于是他扳好枪机，右手端着枪，左手举起一根树枝，往树干上"当当"敲了几下，然后迅速地丢掉树枝，双手拿好枪，准备等貂一蹿出来，就立刻开枪。

可令人遗憾的是貂始终没有出来。

"睡得真香啊！竟然没动静。"塞索伊奇自言自语地说，"醒来吧，瞌睡虫！"

塞索伊奇又拿起一根树枝照着树干重重地敲了一下，震得满树林都是闹哄哄的声音。

可是貂还是躲着不出来。

难道那貂没在树洞里？

这时，塞索伊奇开始仔细地打量起那棵云杉树来。他发现，这棵树是空心的，在树干的另一边，在一根枯树枝下面，还有一个出口。树枝上的雪已经掉下来了，很明显，那只貂从云杉的这一头溜出了树洞，逃到旁边的树上去了。那根粗树枝挡住了塞索伊奇的视线，所以他并没有发现。

塞索伊奇有些懊恼，只好接着往前追去。

天又黑了下来，塞索伊奇循着那家伙踪迹找到一个松鼠洞。

雪地上有好些脚印，还有几块被抓下来的树皮。看来，那家伙闯入了松鼠洞，饱餐一顿后又离开了。塞索伊奇接着向前追去，可那些痕迹好像消失了！

不能再追下去了！昨天晚上已经吃光了最后一块面包，在这黑暗的大森林里，一定会冻死的！

塞索伊奇懊丧地往回走去。"要是追上这家伙，"他心里想，"只要放上一枪，问题就解决了！"

说这话时，塞索伊奇又来到了那个松鼠洞。他看了看树下纷乱的脚印，气呼呼地端起枪，也不瞄准，就朝洞里开了一枪！是啊！心中的怒火总得发泄一下呀！

这一枪震落了树上的一些枯枝和苔藓。令人意想不到的是，在这些东西落下来之前，竟然有一只毛茸茸的貂掉到了他的脚旁。这只貂在临死之前，还在抽搐呢！塞索伊奇弯下腰：看样子正是自己追踪的那只！

原来，这只貂吃掉松鼠之后，便钻进暖和的松鼠洞，安安稳稳地睡起觉来！没想到，塞索伊奇误打误撞，最后还是解决了它！

兔子的诡计

半夜里，一只灰兔子偷偷钻进了果园。

它来到小苹果树前，大口大口地啃起甜甜的树皮来。小苹果树的皮又脆又甜，吃多少都吃不够！

快到早晨的时候，这只灰兔子已经在啃第二棵小苹果树了。雪落在它的头上，它也不去理会，只是一个劲儿地大嚼着。

这只兔子可真贪吃！

这时，农户家的公鸡早已打过三遍鸣了，小狗也汪汪地狂吠了好一阵子了。

这时，兔子终于清醒过来：天亮了！好在这会儿人们还没起床，应该趁这个机会跑回森林里去。

可是，雪下了一夜，周围都是皑皑白雪，白茫茫一片。自己这一身棕灰色的皮毛，隔得老远都能看到。

灰兔子不禁羡慕起白兔来，要是自己也有一身雪白的毛，早就可以安全撤退了，何必在这里伤脑筋呢。

不过话又说回来，就是白兔也不行啊！昨天那场大雪下了一夜，还没冻实，小灰兔子的每一个脚印、每

一个爪痕，都可以看得清清楚楚。猎人把这种脚印称为"雪上兔印"。

兔子的后腿长，踩出的是长条状的脚跟印；前腿短，踩出的是一个个的小圆坑。它的每一个脚印都清晰可见。

"哎呀，不管了，先跑吧！"这么想着，灰兔子一下子蹿出了果园！它跑过田野，穿过森林。在它的身后，是一连串清晰的脚印。

灰兔子刚刚饱餐一顿，现在多想在灌木丛中找个舒服的地方美美地睡上一觉啊。可糟糕的是，无论它走到哪里，那一串串清晰的脚印都会暴露它的行踪。

这可怎么办？灰兔眼睛咕噜咕噜转了几圈，一个好计策就涌上心头：把自己的脚印弄乱。

这时，村子里的人已经醒了。果园主人走到果园一看——我的天哪！那两棵顶好的小苹果树都被啃掉了皮！

等他低下头，看了看雪地，立刻就什么都明白了：那儿有许多兔子的脚印！园主人举起拳头，生气地喊着："等着瞧吧，你得用你的皮来偿还我的损失！"

他立刻回到屋，背起猎枪出了家门。

瞧，兔子就是在这儿跳过篱笆，然后朝田野跑去的！园主人跟着脚印一直追到森林。

可是一进森林，兔子的脚印就开始围着灌木转圈了，像走迷宫一样。"千万别庆幸得太早了，你这诡计可骗不过我！我会搞明白的。"园主人心里暗想。

绕灌木丛一周——这是你的第一个花招。

然后横穿过自己的脚印——这是你的第二招。

园主人跟在脚印后追踪，把两个圈套都给绕开了。他手端着枪，随时准备开火，来消灭这只可恶的兔子。

但是，就在这时，他站住了。

到底发生了什么呢？

原来，兔子的脚印突然消失了，周围的雪地干干净净，居然没有任何一点痕迹。

园主人心想：就算是兔子用力窜到别的地方去，也应该留下一点儿蛛丝马迹才对啊！

园主人弯下身仔细查看那些脚印。

哈哈，原来兔子又使了一个花招：它顺着自己来时的脚印回去了！这样，它每一步都准确地踩在自己原来的脚印上，它的每一步都准确地踏在自己原来的脚印上。不仔细看，还真看不出来呢！

于是，园主人顺着脚印往回走去。结果，走着走着，自己竟然又沿着原路返回，又回到田野里来了。

这么说，自己并没有识破兔子的诡计！

他转过身，又顺着双层的脚印走回去。

唉，重合的脚印只有一段，再往前又是单层的了！看来，狡猾的兔子是从这儿跳到一边去了。

果然，顺着脚印的方向，一直走到灌木丛，脚印又变成了双层，等越过灌木丛，又变回了单层！这个狡猾的家伙，就这么一路回旋着、跳跃着前进呢！

现在，可不能疏忽大意了……

前面又是一个灌木丛，脚印没了。这回，它准是藏进灌木丛里了。"哈哈！就算你使出浑身解数，也逃不过我的火眼金睛。"园主人说完又继续寻找兔子。

可惜什么也没有！他又猜错了。

兔子在附近不假，可它并没有像猎人想象的那样躲进灌木丛，而是跳到了一丛枯草下。

这时，灰兔正睡得昏昏沉沉的，但敏锐的它还是听到了沙沙的脚步声。而且，声音越来越近了……

当它睁开蒙眬的睡眼抬头一看，两只穿着毡靴的脚正在走路。黑色的枪正直直地指向它。

兔子心想这回完蛋了，肯定逃脱不了了。

可是，它却悄悄地从枯木枝下钻了出来，一支箭似的蹿到树木后面。后来，只见它短短的小尾巴在灌木丛里一闪，就没了踪影。

就这样，兔子在园主人的眼皮底下溜了。园主人也只好两手空空地回家去了。

猎灰鼠

—只灰鼠有多大？

你可不要小看那小小的灰鼠！它在我们苏联的狩猎事业中极为重要。光说它的尾巴，华丽极了，可以做成漂亮的帽子、衣领以及耳套和其他防寒用品。去掉了尾巴的皮毛也有很大的用处呢，它可以制成大衣和披肩，还可以制成淡蓝色的女式大衣，又轻便又暖和。

灰鼠在每年11月前会换毛。它们脱去夏天的轻薄的毛，换上御寒保暖的厚厚的毛。

等灰鼠一换完毛，猎人们就开始狩猎了。连老头儿和十几岁的少年，也到灰鼠多而且容易打到的地方去了。

猎人们狩猎的时候，要么结伴而行，要么孤身一人，在森林里一待就是好几个星期。他们都踏着又短又宽的滑雪板，从早到晚地穿梭在雪地里。有的使用猎枪，有的设置陷阱和捕捉器。

通常，他们在土窑里或低矮的小房子里过夜。这种小房子常被埋在雪里，十分憋闷，空气也不流通。人走进去连腰都伸不直，还时常面临着被暴风雪压塌的风险。

他们做饭时使用的是一种特制的没有烟囱的土炉子。

猎人猎灰鼠的得力助手是一种叫作北极犬的猎狗。它可是猎人的另一双"眼睛"。

北极犬是我们北方特有的一种优良猎犬。它堪称世界上最厉害的冬猎选手。

这些猎犬不仅能帮助你找到白鼬、鸡貂、水獭的洞穴，还能替你咬死这些小野兽。夏天时，它会替你把野鸭从芦苇丛中赶出来，还会把琴鸡从密林中驱逐出来。

这种猎狗不怕水，它的水性和耐寒性极强，它可以跳进结了薄冰的河水里，把你猎到的野鸭给叼回来。秋冬时节，它又会成为你打松鸡和琴鸡的得力助手。这个时期，普通猎犬的作用已经发挥不出来了，而北极犬会蹲在树下，对着这两种野鸡狂叫，这样一叫，就使它们的注意力聚集到它的身上。这样，你就有机会开枪了。

在还没下雪的初寒时期或者大雪纷飞的时候，你还可以带着它去打麋鹿和熊。

如果你受到野兽的攻击，你忠诚的朋友北极犬，绝不会丢下你不管，做出忘恩负义的事情。它会从猛兽的身后咬住它们，让你有时间重新装上子弹开枪射死它们；或者，它们会用生命保护主人。此外，最令人惊奇的是，它还能帮你找到灰鼠、貂和猞猁等居住在树上的小兽。任何其他种的猎犬都没有这样的能力。

当你走在秋冬的云杉林、松树林或混合林里时，到处是静悄悄的。没有任何飞禽走兽在那儿晃动，也没有飞禽走兽掠过或者发出声音。这里好像是一片荒漠，安静得可怕。

可是，如果你身边有一只北极犬，你就不会感到寂寞了。北极犬聪明极了，它会在树根下找到白鼬，还会从洞里轰出一只白兔。它还可以找到隐藏在那些茂密松树枝间的灰鼠——无论它们怎样躲在浓密的松树间不露面，它也能找到它们。

可是，北极犬既不会飞，也不会爬树，而灰鼠也不可能从树上掉下来，那么北极犬是怎么找到灰鼠的呢？

波形长毛犬和追踪兽迹的猎犬捕捉猎物靠的是灵敏的嗅觉。鼻子是这两种猎犬的基本"工具"，它们即使眼睛不好使，或者耳朵是全聋的，也不会影响它们出色地完成任务。

可是北极犬却有三样得意的"工具"：灵敏的鼻子、锐利的眼睛和灵巧的耳朵。这三样"工具"是共同起作用的。甚至可以说，这不是北极犬的工具，而是它的三个仆人。

树上的灰鼠只要用爪子抓一下树干，北极犬就会立刻竖起它那双时刻警惕着的耳朵，并悄悄报告主人："注意啦，注意啦，这里有灰鼠！"灰鼠的小脚爪只要在林间稍稍一闪，北极犬的眼睛就会告诉主人："灰鼠在这里！"只要刮起一阵小风把灰鼠的气味吹到树下，北极犬的鼻子就报告主人："有灰鼠。"

北极犬依靠这三个仆人，发现树上的小兽后，就会用它的叫声把信息传给主人。

一只优良的北极犬，在找到飞禽走兽后，绝不会意气用事地往树上扑，也不会用爪子去抓树干，因为这样做会把藏在树上的猎物吓跑的。在这种情况下，它会慢慢地蹲下来，聚精会神地注视着灰鼠藏身的地方，竖着耳朵，隔一会儿叫几声。除非主人到达或把它叫走，否则它是不会离开树下的。

其实，猎灰鼠的过程很简单：灰鼠被北极犬发现后，注意力就完全集中到北极犬身上了。猎人只要悄悄地走过来，不要做出任何幅度太大的动作惊吓到灰鼠，好好地瞄准目标开枪就是了。

不过，应该注意的是，用霰弹打灰鼠不容易打中，应该用小铅弹，而且要尽量瞄准它的头部，这样可以避免伤害鼠皮。冬天，受了伤的灰鼠不大容易死掉，因此，一定要一枪就命中。要不然，它要是跳进密密麻麻的丛林间，可就再也找不到它了。

除了北极犬，人们还常常用捕鼠器和其他捕兽器来捕捉灰鼠。

你知道如何制作捕鼠器吗？拿两块结实厚重的木板装在两棵树干的中间。在两块板之间搭一根细木棍，然后把美味的食物作为诱饵拴在木棍上。诱饵可以是炸过的蘑菇、鱼片等。当灰鼠前来偷吃时，上面的木板就会落下来，把灰鼠夹在中间了。

只要雪不是特别大，积雪不是特别深，几乎整个冬天猎人都在打灰鼠。一到春天，灰鼠就要脱毛了。在深秋以前，猎人是决不会打扰它们的，因为它们还没有完全披上那身能御寒过冬的浅蓝色的美丽毛皮。

October | 冰天雪地月

百变图画书

12月——天寒地冻的月份！它结束了一年，却带来了冬天。

现在，大地上密密匀匀地铺着一层白雪。田野和林中空地就像一本摊开的大书，平平整整的，没有一丝褶皱。如果有谁经过这里，那么这本巨书上就一定会留下它的签名："某某到过此地。"

白天降雪过后，书页又变得洁白无瑕了。

如果清晨的时候，你出来走走，你就会发现，原来洁白的书页上，印满了各种各样的符号：条条、点点、圆圈、逗号。这意味着什么呢？我们的通讯员观察了好久，终于明白了：那些字都是森林里的居民留下的！或许它们只是在这里走来走去，或者跳了一会儿，反正是干了些事情。

那么，这些都是谁留下的？它们又都干了些什么事儿？

得赶紧把这些神秘的符号弄懂。不然，再来一场雪，在你眼前又会是一张干净、平展的白纸，就像有人把书翻了一页似的。

在这本图画书里，林中居民签字的风格是不一样的——各有各的笔迹，各有各的符号。如果有人来读这本冬书，那肯定是要用眼睛去读的——当然啦，不用眼睛读，还能用什么读呢？

可是，有些动物偏偏用鼻子读。比如狗，它就能用鼻子读出冬书上的符号。你看，它用鼻子闻一闻这些符号，就能读到这样一行字："这里有狼来过，或者一只兔子刚刚跑过去。"

野兽的鼻子可谓是学识渊博，读起字来可是决不会错的。

那么野兽用什么来写字呢？更多的时候，野兽会选择用脚写字。有的用五个脚趾头写，有的用四个脚趾头写，有的用蹄子写。还有一些特殊字体，是用尾巴、鼻子，或者肚皮来写的。

飞禽也用脚和尾巴写字。当然，有的还会用翅膀写。

我们的通讯员已经掌握了阅读这本冬书的本领，他们从这本书里读到了各种各样的林中故事。

其中，灰鼠的字最好辨认：前面两个小小的圆点儿，那是它的前脚印；后面长长的，而且大大的叉开，好像两只小手掌，伸着细细的手指头，那是它的后脚留下的。

超级大国鼠的字虽然很小，但也很容易辨认。因为它们从地下出来的时候，往往先兜上一个圈子，然后再朝它要去的地方跑去。这么一来，就在雪地上印上了一

长串冒号——冒号之间的距离都是一样长的。

飞禽的笔迹也很容易辨认。我们就拿喜鹊来说吧，它的脚上有4个脚趾，前3个脚趾在雪地上留下小十字，长在后面的第四个脚趾留下的是短短的破折号；小十字的两旁是翅膀上羽毛留下的痕迹，好像手指印似的。有时候，它那错落有致的长尾巴，也会在雪书上再添上一笔。

这些字迹都是老老实实的，让人一看就明白：这儿有一只松鼠从树上跳下，在雪地上蹦跳了一阵，又重新跳回树上；那儿是一只老鼠钻出雪面，跑着一阵，兜了几个圈子，又重新钻回雪下；而旁边呢，是喜鹊在冻硬的积雪上跳了一会儿，尾巴和翅膀扫了扫雪面后，就飞走了。

但并不是所有的居民都这样规规矩矩地写字，有好多家伙喜欢在写字时要要花招。

比如说狼。当它们一步步往前走或是小跑的时候，右后脚总是整整齐齐地踩在左前脚的脚印里，而左后脚则整整齐齐地踩在右前脚的脚印里。因此，它们的脚印是长长的，就像一条直线。

如果你看到这样一行脚印，就认为有一只壮实的狼从这里走过去，那可就错了，因为可能是两只狼，也可能是四只、五只。因为狼走路的时候，后面一只狼的脚总是踩在前面那只狼的脚印上，而且非常准确整齐。所以，一定要好好训练自己的眼睛，才能成为一个能在雪地上追踪野兽的好猎人！

带着小旗子去猎狼

村庄的附近有几头狼经常出没，一会儿叼走一只小绵羊，一会儿又拖走一只山羊。这个村庄里没有自己的猎人，所以只好到城里去请猎人提供帮助。

就在当天晚上，从城里赶来了一队士兵，他们个个都是打猎能手。随队还有两辆载货雪橇，上面装着粗大的卷轴，卷轴上面缠着绳子，中间像个驼峰似的高高隆起来。绳子上每隔半米就系着一面红色小旗子。

猎人们详细地向当地农民了解了整件事情，得知狼是从哪儿来到村庄的，接着又去察看狼留下的脚印。那两辆载着卷轴的雪橇，一直跟在他们后面。

狼的脚印形成一条笔直的线，从村庄里出来，穿过庄稼地，一直通向树林深处。乍一看，好像只有一只狼，可是，那些有经验的、善于辨别兽迹的老猎人一看，就知道走过去的应该是一群狼。

一直追踪狼迹进了树林，才判断出这是五只狼的脚印。猎人们观察后得出结论：走在最前面的是一只母狼，它的脚印比较窄，步距较小，脚爪留下的脚窝是斜

着的，凭这些特点就可以断定它是一只母狼。

猎手们分为两队，分别乘上雪橇，围着森林绕上一周。但他们并没有在周围发现狼从树林里离开的痕迹，因此，可以断定这群狼仍然隐蔽在这个树林里，得尽快开始围捕。

两队猎人各带了一个卷轴，他们轻手轻脚地赶着雪橇前进，旋转着卷轴，沿路放出卷轴上的绳子，后面跟着的猎手把放出的绳子缠在灌木、小树或树墩上。绳子上的小红旗悬在半空中，迎风飘扬，离地大约有0.35米的距离。

完成这项工作后，这两队猎人又在村庄附近会合了。现在，他们已经把整个树林都围绕上了绳子和小旗子。接着，他们叮嘱集体农庄的庄员们，第二天天刚蒙蒙亮就要集合，然后，猎人们就回去休息了。

那天夜晚，皓月朗朗，寒气逼人。先是母狼睡醒了，站起身来。随后，公狼也站了起来。今年刚出生的三只小狼崽也站了起来。

只见周围是密密匝匝的树林。一轮清冷的明月，挂在茂密的云杉树梢上方，看起来就像模糊的落日。

狼的肚皮发出"咕噜、咕噜"的叫声。肚子饿得难受啊！

母狼抬起头，对着月亮嗥叫；公狼也跟着它凄凉地叫了起来。小狼也学着父母发出尖细的叫声。

村庄里的家畜一听见狼嗥，都吓慌了神，只听见牛"哞哞"地叫着，羊也吓得发出"咩咩"声。

母狼迈步向前走着，后面跟着公狼，再后面是三只小狼。

它们小心地迈着步子，后面一只狼的脚不偏不倚，正好踩在前面一只狼留下的脚印上。它们就这样整齐地穿过树林，向村庄走去。

母狼突然停住了脚步。公狼也随之停住了。最后，小狼也停住了。

母狼那双恶狠狠的眼睛惶恐不安地闪烁着。它那敏感的鼻子，似乎闻到一股红布散发出来的酸涩味儿。仔细一看，它发现前面林子边的灌木丛上挂着很多黑乎乎的布片儿。

母狼年纪稍长，见识过不少事情。可这样的阵势它也是第一次碰到。但有一件事它很清楚：有布片的地方，就准有人。也许他们这会儿正埋伏在田里守候着它们吧。

看来，得往回走。

想到这儿，母狼掉转身子，连蹿带跳地跑回了树林深处。后面紧跟着公狼。再后面是三只小狼。

它们迈着大步，穿越整个树林，来到树林的另一头，它们再次停住了脚步。又是布片儿！还是挂在那儿，好像一条条吐出来的鲜红舌头。

这群狼被搞得晕头转向，在树林里东奔西突，一次次穿过树林。可是，所到之处都挂满布片儿，哪儿也没有出路。

母狼觉得情形不妙了，一定有危险，于是赶紧逃回密林，气喘吁吁地躺倒在地上。公狼和小狼也都跟着躺了下来。

看来，它们逃不出这个包围圈了。没办法，只能饿着。谁知道外面那批人在打什么鬼主意？

天气真冷呀！肚子饿得咕咕直叫。

第二天早上，天刚蒙蒙亮，村庄里的两支队伍就从村里出发了。

其中一队人数比较少，都是佩带枪支的猎人，他们都穿着大灰袍。之所以穿灰色衣裳，是因为其他颜色的衣裳在冬季的树林里太显眼。他们围着树林走了一圈，把小旗子悄悄地解了下来，然后在灌木丛后散开，排成一个长蛇阵。

另外一队则是集体农庄庄员，这组人数比较多。他们手里拿着木棒，在田里等着。

直到听到指挥员的号令，他们就聒噪着走进树林。他们在树林里一边走，一边高声呼应，还要不停地用木棒敲击树干。

狼此时正在密林深处打盹儿，猛听到从村庄方向传来一阵喧哗声。

母狼猛地一跃而起，向与村庄相反的方向逃窜而去，公狼和小狼紧紧跟在后面。

它们脖子上的鬃毛竖起，尾巴紧夹着，两只耳朵向背后竖起，眼睛里直冒火，不顾一切地逃窜着。

谁知，到了林边，它们又看见一串串像燃烧的火焰一样的红布片。

此时，狼感到了极度的恐惧，它们转身飞也似的往回逃。可是，呐喊声越来越近。听得出，有大批人杀过来了，木棒敲得震天响。

狼们吓得又往回逃，再次来到了树林边。这里竟然没有红布片。此时，狼的恐惧和警惕消失了，它们只管往前跑!

于是，这群狼正好冲着已经等候了半天的猎人们跑了过来。

突然，从灌木丛后喷射出一道道火光，枪声噼噼啪啪地响了起来。公狼蹿了个高，扑通一声跌在地上。小狼们满地打滚，叫声连连。

士兵们的枪法很准，小狼们一只也没有逃脱。只有老母狼不知去向——谁也没有注意到在这种情况下，它究竟是怎么逃走的。

从那之后，村庄里再也没有发生牲畜失踪的事情。

猎狐

经验丰富的猎人塞索伊奇具备准确的判断力，就拿猎狐狸来说吧，他只要看看狐狸留下的脚印，就什么都明白了。

一天早晨，昨天夜里刚刚下过冬天的头一场雪，地面上铺上了一层薄薄的积雪。塞索伊奇走出家门，他远远就看到田里的雪地上有一串狐狸的脚印，清清楚楚、整整齐齐。这个小个子猎人不慌不忙地走到脚印旁，站在那儿，沉思了一会儿。随后，他卸下滑雪板，一条腿跪在滑雪板上，把一根手指头弯起来，伸进狐狸留下的脚印洼洼里，横着量量，竖里探探。接着，他又想了想，然后套上滑雪板，沿着脚印一直向前滑去，一路紧盯着脚印观察。他一会儿钻进灌木丛，一会儿又钻出来，后来滑到了一片小树林边，又从容不迫地围着小树林滑了一圈。

随后，他从林子里头钻出来，乘着滑雪板，飞也似的滑回了村庄。

冬季的白天十分短暂，他用在察看脚印上的时间，

就足足有两个小时。但是塞索伊奇已经暗暗下定决心，今天非捉住这只狐狸不可。

现在，他向我们这里另外一个猎人——谢尔盖家跑去。谢尔盖的母亲从小窗里一看到他，就走了出来，站在门口，对他说：

"我儿子没在家。他也没对我说要去哪儿。"

塞索伊奇明白老太太没说真话，但他只是笑了笑，说道：

"我知道，他在安德烈家里。"

随后，塞索伊奇果真在安德烈家里找到了两位年轻猎人。

可是，他刚一进屋，他俩就不说了，并且显出尴尬的样子。谢尔盖甚至还欲盖弥彰地从板凳上站起来，试图用身体遮住身后的大卷轴。即使这样，他也根本瞒不了塞索伊奇。

"得啦，年轻人，别再遮掩了，我都知道了。"塞索伊奇开门见山，"昨天夜里，星火集体农庄里的一只鹅被狐狸偷走了，而且我还知道现在这只狐狸到底躲在哪儿。"

听了这话，两个年轻猎人不禁有些吃惊。刚刚半个钟头前，谢尔盖在附近碰到一个星火集体农庄里的熟人，听他说昨天夜里，他们村庄的一只鹅被狐狸拖走了。谢尔盖听到后，就赶紧来找他的好友安德烈。他俩正在商量怎样寻找那只狐狸，怎样先下手把它逮住，免得被塞索伊奇抢了先。谁知道说曹操，曹操就到了，而

且他还什么都知道了。

半晌，安德烈首先打破了沉默："究竟是哪个多嘴的女人把消息透露给你的？"

塞索伊奇冷笑一声，说："那些多嘴的女人恐怕一辈子也弄不懂这些事儿。我是从狐狸留下的脚印看出来的。现在，我给你们讲讲：这是只老公狐狸。它脚印很大，而且圆圆的，印得清清楚楚，所以它个头儿也应该很大，走起路来不像小狐狸那样胡乱踩雪。它拖着一只鹅从星火集体农庄走到一处灌木丛，然后把鹅吃光了。我已经找到那个地方了。这只公狐狸很狡猾，身子胖，毛皮厚，那张皮肯定很值钱。"

谢尔盖和安德烈彼此使了个眼色，然后一起走到墙角，小声嘀咕了一会儿。随后，安德烈对塞索伊奇说："好吧，塞索伊奇，你干脆直说吧，是不是来找我们合作的？如果是这样，我们同意。你瞧，我们也听到了风声，连小旗都准备好了。我们本来想赶到你前面的，没成功。那么这会儿就一言为定，咱们合作吧！"

"第一次围攻，打死算你们的。"塞索伊奇大方地说，"要是让它逃脱，就甭想再来第二次围攻了。这只老狐狸应该不是本地的，只是路过这里，咱们本地狐狸没这么大个儿的。它只要听见一声枪响，就会逃得无影无踪，一时半会儿别想找到它。小旗子也留在家里吧——老狐狸可狡猾哩！它大概被人围猎过多次了，对小旗子早已司空见惯了。"

可是，两个年轻的猎人坚持要带小旗子。他们说，

还是带着旗子稳妥些。

塞索伊奇点了点头："你们想怎么办，就怎么办！走吧！"

谢尔盖和安德烈立刻打点起来，掮出两个卷小旗子的大卷轴，拴在雪橇上。趁这工夫，塞索伊奇跑回家一趟，换了套衣服，又找来五个年轻的庄员，叫他们帮忙赶围。

这三个猎人都在短皮大衣外面套上了灰罩衫。

"我们这是去打狐狸，可不是打兔子。"在半路上，塞索伊奇教导他们说，"兔子是有点儿糊里糊涂的，可是狐狸不一样，它的嗅觉要比兔子的灵得多，眼睛也尖得出齐。只要叫它看出一点儿不对头来，马上就逃得无影无踪啦。"

大家很快就跑到了狐狸藏身的小树林。一伙人分散开来：赶围的人待在原地；谢尔盖和安德烈带了插小旗子的卷轴，往左绕着小林子走，边走边挂小旗子；而塞索伊奇则带了另外一个卷轴往右走。

"你们可一定要机灵点儿，"分手前，塞索伊奇再次提醒他们，"看看有没有走出树林的脚印，千万别弄出声来。老狐狸狡猾得很！它只要听到点儿动静，马上就会采取行动。"

过了一会儿，三个猎人在小树林那边会合。

"都弄好了，"谢尔盖和安德烈说，"我们仔细检查过了：没有走出林子的脚印。"

"我也没看见。"塞索伊奇点了点头。

他们留下一段通道，大约有150步宽，这里没挂小旗子。塞索伊奇叮嘱两个年轻的猎人最好站在什么地方守候，他自己又踏上滑雪板，悄悄地滑回负责赶围的人们那儿去。

过了半个钟头，围猎开始了。六个人分散开来，形成一道半圆形的狙击线，朝小树林里包抄过去，不时相互低声呼应，还用木棒敲击树干。塞索伊奇走在中间，不时地调整这道狙击线。

林子里非常安静。人擦过树枝时，从树枝上无声无息地落下一团团松软的积雪。

塞索伊奇紧张地等待两个年轻猎人的枪声——虽然这两人是他的老搭档，可他还是放心不下。这里很少见到这样的公狐狸。如果错过这次机会，那以后恐怕再也碰不到了。

他已经走到了小树林中间，可还没有听见枪声。

"怎么回事？它早该跑出来了。"塞索伊奇一边走，一边想。已经到树林边了，安德烈和谢尔盖从他们藏身的地方走了出来。

"没出来吗？"塞索伊奇问。

"没有！"安德烈回答。

塞索伊奇一句话也没说，转身朝包围线跑去。不一会儿，传来他气急败坏的喊声："喂！到这儿来！"

大伙儿都跑了过去。

"你们说它没出来，那这是什么？"塞索伊奇指着地上的脚印，生气地朝两个年轻的猎人嚷道。

"兔子的脚印啊。"两个人异口同声地说，"刚刚包围的时候，我们就已经看到了。"

"那兔子脚印里头呢？是什么？"

两个人蹲下身子。在兔子的后脚印里，隐约可以看出还有另外一种脚印——圆圆的，短短的，正是狐狸的脚印！

"难道你们不知道吗？狐狸为了掩盖自己的脚印，常常踩着其他动物的脚印走。"塞索伊奇气得直冒火，"你们这两个家伙，浪费了多少时间啊！"说完，他顺着脚印跑去了。其余的人默默地跟在他后面。

进了灌木丛，狐狸的脚印就和兔子的分开了。这时，谢尔盖和安德烈才知道这只狐狸有多狡猾了。雪地上到处都是绕来绕去的脚印。他们顺着这些脚印走了好半天，什么也没找到。大家都有些灰心了。

突然，塞索伊奇停住了。他指着不远处另外一片小树林，低声说："它在那儿！前面5千米的地方都是平地，它不会冒险穿过这么一大片空地的！我拿脑袋打赌，它准在那儿！"

听了这话，大家一下子精神起来！塞索伊奇吩咐谢尔盖和安德烈带着人分别从左右两边包抄，自己则走进林子。他知道，在林子中间有一小块空地，狐狸绝对不会待在那没遮拦的地方。但是，不论它从哪个方向穿过小树林，都得经过这块空地。

在这块空地的中央，有一棵高大的云杉，旁边还有一棵枯死的白桦，倒在云杉粗大的枝干上。

这时，周围响起了围猎人低低的呼喝声。塞索伊奇满心以为，那只狐狸就在附近，而且随时都会出现。可当一团棕红色的皮毛在树丛间闪过时，他还是紧张了一下。但他立即就发现，那只是一只兔子。

呼喝声越来越近了，兔子已经跳进密林，不知去向了。突然，左右两边各传来一声枪响。塞索伊奇长出了一口气。他心想："不是谢尔盖就是安德烈，反正总有一个人把那狐狸打死了。"

不一会儿，谢尔盖一脸尴尬地走了出来。

"没打中？"塞索伊奇问。

"在灌木后面，怎么打得中？"

"在我这儿。"背后传来安德烈笑嘻嘻的声音。他走过来，把一只打死的——兔子，扔到塞索伊奇脚旁。

"好啊！运气还真不错。大家回家吧！"塞索伊奇挪揄地说。

"那狐狸呢？"谢尔盖问。

"你看见狐狸了吗？"塞索伊奇反问道。

"没有。我打的也是兔子，它就在灌木后面……"

塞索伊奇挥了挥手，大家一起朝林子外走去。塞索伊奇走在最后。天还没有全黑，他发现，狐狸和兔子进入空地的脚印清清楚楚地印在雪地上，可出了空地，两种脚印都消失了！

"难道这只狐狸在空地上打了个洞，藏在里面？"塞索伊奇有些想不通。

第二天一早，不甘心的塞索伊奇又来到空地。他看到：一行狐狸的脚印从空地里延伸出来。

他顺着脚印一直走到空地中央，只见一行整整齐齐的脚印沿着倾倒的白桦上去，消失在云杉茂密的枝叶间。塞索伊奇沿着脚印走去，想找到他要找的狐狸洞。但是，脚印把他一直领到空地中央来了。一行清晰整齐的脚印通向倾倒的枯云杉树，顺着树干往上，在茂盛的大云杉树的针叶之间消失了。云杉树离地约8米高，而一根宽树枝上面居然一点儿积雪也没有：看来积雪被一只在这里睡过的野兽给擦掉了。

原来，昨天塞索伊奇在这儿守候老狐狸的时候，这只狡猾的老狐狸就躺在他的头顶上。如果狐狸这种动物会像人一样笑的话，它一定会狠狠地嘲笑小个子猎人的。

无线电通报（四）

我们是《森林报》编辑部。

今天是12月22日，冬至——一年之中白昼最短、黑夜最长的一天。现在，我们要跟全国各地举行今年最后一次无线电通报。请讲讲你们那儿发生了些什么事。

● 这里是北冰洋群岛

我们这儿正是黑夜最长的时候。太阳已经落到海洋里去了。在春天来临之前，它不会再出来了。到处是冰天雪地，冰雪覆盖着岛屿，覆盖着苔原，覆盖着海洋。

现在，还有哪些动物能留下来过冬呢？

在北冰洋的冰面之下居住着海豹。它们趁冰面还没冻厚的时候，就在冰面上给自己凿了个通气孔，并尽力使这些小孔保持空气畅通，一旦有薄冰把通气孔封上，它们会立刻用嘴将孔打通。海豹通过这些通气孔呼吸外面的新鲜空气。偶尔，它们也会爬出冰洞，到冰上面休息一会儿，打个盹儿。

此时，会有公白熊偷偷走向它们。跟母白熊不一样，公白熊是不冬眠的，它们不会钻到冰窟窿里躲一个冬天。

在苔原的雪面之下居住着短尾巴旅鼠，它们喜欢在雪地里挖出一条条的通道，冬天就靠吃那些埋在雪里的细草茎为生。这时，雪白的北极狐就会追踪它们，靠鼻子找到它们，把它们从雪底下刨出来。

我们这儿老是漆黑一片。没有太阳，我们怎么能看见东西呢？其实，即使没有太阳，我们这儿也挺亮的。第一，月亮没有休息，该出来的时候一刻也不差；第二，我们这儿常有北极光。

这种神奇的光，色彩缤纷、变幻无穷。一会儿像飘动的丝绸，沿着北方的天空铺展开来；一会儿像飞泻的瀑布，从天空直泻而下，把四周照得如同白昼。

● 这里是新西伯利亚大森林

在我们这儿，雪已经积得很厚了。猎人们踏着滑雪板，带上猎狗，拖着一辆辆满载着食物和其他生活必需品的轻雪橇，成群结队地进入大森林里。

大森林里有很多小野兽，其中包括长着淡蓝色皮毛的灰鼠，珍贵的黑貂，毛茸茸的猞猁、兔子，硕大的麋鹿，棕黄色的鸡貂（鸡貂毛可以制成上等的画笔），雪白的白鼬。还有那些数不尽的红色火狐和棕黄色玄狐，美味的榛鸡和松鸡。

猎人们在大森林里一待就是几个月，他们在那儿的小木房里过夜。他们忙着张网、设陷阱，捕捉各种各样

的飞禽走兽。他们这么做时，那些猎狗也没闲着。它们东闻闻、西看看，寻找松鸡、灰鼠、麋鹿，或者睡得正香的熊。

● 这儿是顿巴斯草原

我们这里也下小雪呢！不过我们可不在乎！我们这儿的冬天不长，也不可怕，甚至好些河流都不结冰。许多鸟儿都来我们这儿过冬了。

秃鼻乌鸦从北方飞来；雪鹀、角百灵从苔原飞来。在这里，它们可以一直住到明年3月份，而且不用为食物操心，因为我们这儿有的是吃的！

空旷的草原到处都覆盖着无瑕的白雪，冬天地里没什么农活可干。但是，在地底下，我们的活儿可是不少呢：人们正在深深的矿井里，忙着用机器挖掘煤矿。挖出来的煤用电力升降机送到地面，然后用火车运输到全国各地大大小小的工厂里去。

● 这里是沙漠

春秋两季，沙漠并不像荒漠，相反，那时到处都是生机勃勃的。可是，一到夏天和冬天，沙漠里就会变得死气沉沉的。夏天，鸟兽在沙漠里找不到食物，酷热让所有生物都不得不屈服；冬天，沙漠里也找不到食物，而且无情的严寒让生物难以忍受。

现在，风是我们这里的主人。它们呼啸着，在旷野里任意游荡！所有的动物都逃离了：鸟儿飞到了温暖的

地方，野兽也躲了起来。乌龟、蜥蜴、蛇，甚至老鼠、跳鼠，都钻进了深深的沙子里冬眠了！到处死气沉沉的。

不过，这种情况并不会持续很久，我们正在植树造林、开凿水渠。过不了多久，这里就会出现一片绿洲！

● 这里是黑海

多美啊，黑海里小小的浪花轻轻敲击着海岸，温柔的波涛微微荡漾，沙滩上的鹅卵石轻轻地滚动着，发出温柔的、朦胧的声音，就像催眠曲那样好听。天空中一弯细细的新月倒映在沉沉的水面上。海上的暴风季节早已过去。那时候，我们的大海也曾经汹涌澎湃，白浪滔天，狂风卷起的惊涛骇浪疯狂地拍击着岸边的岩石，轰隆隆、哗啦啦地怒吼着，远远地飞溅到岸上。当然，那已经是秋天里的事了。现在到了冬季，暴风已经很少来骚扰我们了。

在我们这里，没有真正的冬天，只是海水会变得凉一点儿，再就是北海岸一带，会结一层薄冰，但很快就融化了。所有的东西都在狂欢：海豚在水里嬉戏，鸬鹚钻进钻出，海鸥在空中盘旋，各种船只在海面上穿梭不息。在我们这里，冬天并不比任何一个季节寂寞。

我们是《森林报》编辑部，我们今年第四次（也是最后一次）无线电通报就到此结束了！

再会！再会！

明年再会！

November ｜ 忍饥挨饿月

冰冷的森林

1月，用我们的话来说：它是一年的开始，冬天的中心！大地、森林和水——所有的一切，都被白雪覆盖起来了！花草树木停止了生长，动物钻进了巢穴，生命陷入了沉睡。

可是，在这片死气沉沉中，却蕴藏着顽强的生命力。草儿紧紧地贴着地面，伸出叶子裹住它们幼小的芽儿；松树和云杉把它们的种子藏在密不透风的球果里；纤小的老鼠从窝里钻出来，在空地上跑来跑去；而睡在深深的熊洞里的母熊，甚至产下了一窝小熊！

但是，不管怎么说，1月还是个难熬的月份！寒风在大地上横冲直撞，冲入光秃秃的树林，钻进鸟儿的羽毛，把它们的血都冻僵了！

这些可怜的小家伙们不能蹲在地上，也不能栖在枝头——到处都是积雪，小脚爪冻得厉害，它们只能不停地跑着、跳着、飞着，想尽各种办法取暖。

这时候，谁要是有个暖和的巢穴、有间堆满食物的仓库，那它一定是世界上最幸福的了！

对于飞禽走兽来说，只要吃饱了，就什么都不怕了。一顿丰盛的食物可以使它们的全身发热。皮下的一层脂肪是暖和的大衣或羽绒大衣最好的里子。即使寒风透过皮毛，也穿不透皮下的那层脂肪！可是，林子里空荡荡的，到哪儿去找吃的呢？

狼和狐狸在整个树林里徘徊，但林子里一片死寂，鸟兽有的已经躲到隐蔽的地方过冬了，有的则飞到其他地方去了。白天，只有乌鸦在林子里飞来飞去；夜晚，雕鸮在空中不停地徘徊，它们也在努力地寻找食物。可是，什么也找不到啊！

森林里的日子没法过啊！饿啊！

一只乌鸦首先发现了一具马的尸体。

"哇！哇！"飞来了一大群乌鸦，准备落下来饱餐一顿。

这时，天已经黑了，月亮出来了。

突然，有谁在林子里叹了一口气：

"呜……呜呜……"

乌鸦扑扇着翅膀飞走了！一只雕鸮从林子里飞出来，落在马的尸首上。它张开钩子似的大嘴巴，刚撕下一块肉，忽然听到雪地上发出一阵沙沙的脚步声。

雕鸮赶紧飞到树上。一只狐狸出现在林子边儿。

"咔嚓咔嚓"，一阵牙齿响。可它还没吃饱，狼又来了。

狐狸逃进灌木丛，狼扑到马尸上。它浑身的毛直立着，牙齿像小刀子似的，剜起一块块儿马肉，吃得心满意足，喉咙呼噜呼噜直响，连周围的声音都听不见了。过了一会儿，它好像听到了什么似的抬起头，把牙齿咬得咯咯地尖响，好像在威胁着说："别过来！"接着，它又埋头大吃起来。

突然，一声怪叫从远处传来，狼立刻停住嘴，侧耳听了听，便夹起尾巴，一溜烟跑掉了。

原来，是森林的主人——熊，出来了。

这回，谁也别想走近了！

直到黑夜将尽，熊才吃饱喝足，睡觉去了。这时，一直夹着尾巴静静等候的狼走出来了。

狼来到马尸旁，吃饱后也走了。

接下来，出现的是狐狸。

狐狸吃饱了，雕鸮又飞了过来。

雕鸮吃饱了，又轮到了乌鸦。

天亮了，森林恢复了寂静，只有一点儿残余的骨头留在了雪地上。

● 小木屋的不速之客

在饥饿难熬的岁月里，许多飞禽走兽开始往人们的住宅附近靠近，因为在这里比较容易弄到食物。

饥饿使鸟兽忘记了恐惧，这些原本很胆小的林中居民，也变得不再怕人了。

黑琴鸡和灰山鹑悄悄搬到了打谷场和谷仓，兔子也"迁徙"到村边的干草垛里。

有一天，在我们《森林报》通讯员住的小木屋里，

竟然飞进来一只苲雀。它的羽毛是黄色的，胸脯上长着黑色的条纹，白色的脸颊，看起来很纤巧。它丝毫不理会屋主人，径自飞到餐桌上，动作轻快地啄起上面的食物碎屑。

我们的通讯员轻轻关上房门，那只苲雀就这样被留在了这座温暖的小木屋里。

它在小木屋里住了整整一个星期。没有人惊动它，也没有人喂它，可是，这个小家伙还是一天天胖了起来。屋子里有很多吃的东西：墙角的蟋蟀、木板缝里的苍蝇，桌子上的饭粒和面包屑。吃饱喝足后，它就躲进火炕后的裂缝里呼呼大睡。

过了几天，屋子里的苍蝇、蟋蟀都被它啄光了。它开始啄起别的东西：书、小盒子、软木塞、刚烤出来的面包，不管什么东西，只要落到它的眼里，一准儿会被啄坏。

这时，我们的通讯员只好打开房门，把这位小巧玲珑的不速之客撵了出去。

违反法则的居民

现在，森林里所有的居民都在因为严寒而受罪。森林中的法则是这样的：冬天，森林居民要千方百计逃过寒冷和饥饿的威胁，至于其他事，比如孵育下一代，连想都不敢想。夏天，天气暖和，食物也充足，那才是孵化雏鸟的时节。

可是，在冬天，谁要是不怕冷，又有足够的食物，是不是就不用服从这个法则了？

我们的通讯员在一棵十分高大的云杉上找到了一个鸟巢。

巢架在落满积雪的树枝上，里面铺着柔软的羽毛和兽毛，几个小小的鸟蛋安静地躺在里面。看来，真的有违反法则的居民！

过了两天，我们的通讯员又来到那棵云杉下。那时候，天冷得要命，他们穿着厚厚的大衣，戴着暖和的皮帽子，鼻尖还是冻得通红。可是，当他们往巢里看时，发现里面的蛋已经没了，几只浑身赤裸裸的小雏鸟躺在里面，眼睛还是闭着的呢！怎么会有这样的怪事呢？

其实，这一点儿也不奇怪。这是一对交嘴鸟的巢，里面是它们刚出生的宝宝。

交嘴鸟是大多数人对它们的称呼，但在我们列宁格勒，大伙儿都喜欢叫它们"鹦鹉"，因为它们像鹦鹉一样，有一身颜色鲜艳的外衣。不过，雄交嘴鸟的外衣是红色的，有深有浅；而雌交嘴鸟和幼鸟的外衣则是黄色和绿色的。另外，它们还善于在细木杆上爬上爬下、转来转去，这一点也和鹦鹉很像。

这种鸟儿最大的特点就是既不害怕严寒，也不担心挨饿。

春天，所有的鸣禽都成双结对，选好各自的住宅，安顿下来，直到雏鸟出生，可交嘴鸟却不这样。一年四季，你都可以看到它们成群结队地满树林乱飞，从这棵树到那棵树，从这片林子到那片林子，从来不会在一个地方耽搁很久。

在这些流浪的鸟群里，无论什么季节，你都可以看到许多雏鸟夹在那些老鸟中间飞行。

这时，你甚至会怀疑：它们是不是一边飞行一边孵化下一代呢？

其实，这个秘密就藏在交嘴鸟的嘴里。

交嘴鸟的嘴长得非常奇怪，上下交叉，上半片往下弯，下半片往上翘。它们所有的本领，都来自于这张嘴；它们身上蕴藏的一切奇迹，也都可以从这张嘴巴上找到答案。

小交嘴鸟刚出生的时候，嘴巴也是直溜溜的，跟其他鸟儿一样。可是，等它们长大一点儿后，开始自己啄食球果里的种子了，那张嘴巴就渐渐弯曲起来，最后交叉到一起。然后，一辈子都不会再改变了。那么，这样的嘴巴有什么好处？你想想啊！用这张交叉的弯嘴巴把种子从球果里夹出来，是不是方便极了？

这样一来，就什么都明白了。

为什么交嘴鸟一辈子都在树林里流浪呢？因为它们要四处寻找食物，看哪片林子的球果结得最多、最好，就飞到哪儿。比如今年我们这儿的球果丰收，它们就来到我们这儿。如果明年，其他什么地方的球果结得多，它们又会飞到那里。

那这些和它们在冰天雪地之中唱歌、孵育下一代又有什么关系呢？

当然有关系了。冬天，到处都有球果，巢里又有的是柔软的羽毛、兽毛，它们为什么不歌唱、不孵育下一代呢？

所以我们要说，在寒冷的冬天，谁要是不怕冷，又有足够的食物，它当然可以不遵守森林里的规则了！

对了，还有一个秘密要告诉你：一只交嘴鸟死后，它的尸体即使过上20年，也不会腐烂，就像是一具木乃伊一样！

这是因为它们一辈子都是靠球果为食，而那些球果里含有大量松脂。吃得久了、多了，那些松脂就会渗入到它们的皮肤里。埃及人不就是往死人身上涂松脂，将它们变成木乃伊的吗！

教你冬天钓大鱼

你能相信吗？冬天竟然还有人钓鱼！

事实上，冬天钓鱼的人还不少呢！因为在冬天的河流、湖泊中，并不是所有的鱼都像鲫鱼、冬穴鱼、鲤鱼那样懒惰，早早就冬眠了。很多种鱼，只在寒冬三九天的时节才处于休眠状态；山鲶鱼一冬都不睡，在冰冷的河水里游来游去，甚至还产下鱼子。正月、二月是它们的产卵期。

法国人有句俗语："睡觉睡觉，不吃也饱。"不睡觉的，不吃饭可不成。

想钓冰底下的鱼，而且要钓得最多、最好，就用金属制的小鱼形钓钩钓鲈鱼。

不过，寻找鲈鱼聚居的地方是最难的事。在陌生的江河、湖泊上钓鱼时，只能根据一些迹象来断定，确定了大概位置后，就在冰上凿几个小洞，先试试鱼是不是把鱼食吃了。

说明有鱼的迹象是这样的：

如果是在一条弯弯曲曲的河里，那么在又高又陡的

河岸上，一般会有个很深的坑，这样，当天气变冷时，鲈鱼就会成群结队地游到坑里来避寒。

如果有清澈的林中小溪流入湖水或河水，那么在比湖口或河口稍低的地方，一般会形成一个坑，那里也是鱼类非常喜欢的过冬地点。

还有芦苇丛也是鱼儿们喜欢的过冬地点。芦苇通常都生长在水浅的地方，所以在湖里和河里，一般在芦苇丛的外围，都会自然地形成一个深坑。

冬天钓鱼的人们，会用镶木把的铁棍在冰面上凿一个宽20~25厘米的小洞来，在细筋或棕丝上的一头拴上一个金属制的小鱼形钓钩，再把钓钩放进凿好的冰窟窿里。先把钓钩垂直，直到它探到水底，估计一下深度，然后用熟练利落的动作不断地上下拉动钓钩，不过，每次往下垂的时候，不能再垂到水底了。

这样，带着鱼饵的小鱼形钓钩在水里漂着，一闪一闪的，非常显眼，就像一条活鱼似的，逗引着鲈鱼快来吃它。

贪心的鲈鱼怕这条可口的小鱼从嘴边溜掉，一个纵身就扑了过去，就这样把假小鱼连同钓钩一起吞到了肚子里。

如果某一个地方没有鱼吃食，钓鱼人就会换个地方，到别处再去凿新的冰窟窿。

山鲶鱼，又被叫作"夜游神"，它跟鲈鱼不一样，要用另一种特别的冰下捕鱼工具来捉。

所谓特别的冰下捕鱼工具，其实就是一种小小的像

网一样的工具。

钓鱼人先找一根绳子，在上面系3～5根线绳（或棕绳），每根之间的距离差不多是70厘米。钓钩上挂着鱼饵，这些鱼饵一般是小鱼，或者是一小块鱼肉，又或者是条山鲶鱼喜欢吃的蚯蚓。绳子的另一头拴上个有点儿重量的坠子，把坠子顺着冰窟窿垂到水底。

摆弄完这一切，水流就会来帮忙了。

在冰面下的水流里，那些挂上鱼饵的小钓钩，一个个诱人地摆动着，像一道道白送上的美味大餐一样。绳子的上端再拴上一根木棍儿，把木棍儿以合适的方式架在冰窟窿上，等木棍儿冻结在冰面上以后，钓鱼人就可以放心地离开了。

第二天早晨，钓鱼人就可以来这儿取他们钓到的鱼儿了。这是什么缘故呢？

原来，钓鲶鱼的好处就在这里。钓鲶鱼不用像钓鲈鱼那样，长时间地等在河上，挨冻受累。只要第二天早晨，来到冰窟窿前，提起露在外面的木棍儿来就能看到，绳子上已经吊着一条很长的大鱼了。

有时候，如果运气够好的话，绳子上的鱼还不止一条呢！

这条鱼浑身黏糊糊的，身子像老虎一样，有一条条的斑纹，身子两侧是扁的，下巴上还长着根须子。这就是山鲶鱼。

打猎时的悲惨事儿

饥荒最厉害的时节，狼饿得胆子都大了，成群结队地跑到村子外徘徊，伺机拖走一只肥羊或一头小牛。熊呢，大多数躲在洞里睡大觉，但还有些在森林里游荡。这些"游荡熊"，在冬天来临前，专靠偷抢过日子，根本没有为冬眠做准备，只是随便找个雪堆或枯树枝藏身而已。

猎杀这些猛兽，可不像打飞禽那么简单，常常会发生意外——猛兽没叫猎人打到，猎人反倒被猛兽伤了。在我们列宁格勒，就曾经发生过这样的事儿。

一个寒冷的冬天，狼溜到村子里，拖走了许多家畜。人们想出了很多办法，但每天，还是会有很多家畜丢失。

一个猎人不服气了。他把一匹马套在雪橇上，又将一只小猪崽塞进麻袋，放到雪橇上。然后在一个圆月当空的夜晚，赶着雪橇出了村子。

任何一个成熟的猎人都知道，一个人，不带伙伴，三更半夜到野外去狩猎，是非常危险的。但这个胆大包天的家伙，就这样沿着荒地，向森林出发了。

他一手拉着缰绳，另一只手不时地扯一下小猪崽的耳朵。那只小猪崽四条腿都被捆着，只露出个脑袋。它拼命地叫着，而这正是猎人所希望的，狼很快就会被招来的。

果然，没多久，林子里亮起一盏盏绿色的小灯笼，那是狼的眼睛。它们观察了一会儿，终于忍受不了小猪崽的诱惑，从林子里蹿出来，向雪橇扑去！

月光下，猎人看清楚了，一共有八只狼，每一只都很壮实。猎人放开小猪崽的耳朵，抓起枪，对着距离自己最近的那只狼扣动了扳机！

那只狼在雪地上滚了几下，不动了！猎人又把枪对准了第二只狼，这时，马突然向前一冲，这一枪打空了！猎人抓住缰绳，好容易才把马控制住。再看那些狼，早都蹿进了树林子，跑得没影了！

猎人放下枪，去捡那只死狼。

天亮时，村子里的人发现猎人的马拖着雪橇跑回来了。在宽宽的雪橇上，丢着一支没有装弹药的双筒猎枪和一只装在麻袋里的小猪崽，而猎人却不知道跑去了哪里。

人们跑到林子里。在雪地上，人们看到了许多骨头——有人的，也有狼的！大家都明白了。

事情是这样的。猎人把那只死狼扛在肩上，朝雪橇走去。当他快走到雪橇跟前时，马闻到了狼的气味，吓得拖着雪橇飞奔而去。

　　猎人带着一只死狼，孤零零地留在林子边缘。他身上连把刀都没有，猎枪也留在了雪橇上。这会儿，那些被吓跑的狼又都返回来了，它们冲过去，将猎人团团围住。

　　这件不幸的事情，发生在60年前。从那以后，我们这儿再也没有出现过这样的事儿。其实，狼如果没有发狂，是不会主动攻击人的。

　　还有一件不幸的事情，发生在猎熊的时候。

　　一个护林人发现了一个熊洞，于是，他请来一位猎人，带着两只北极犬来到一个大雪堆前，熊就睡在这个雪堆底下。

　　猎人按照打猎的常规，站在雪堆一边。通常，熊从洞里蹿出来的时候，总是向南侧跑，猎人站在雪堆边，就可以准确地将枪弹射进它的心脏。可这一次，熊并没有蹿向一旁，而是径直朝着猎人扑过去了。它把猎人撞了个四脚朝天，然后扬起巨大的手掌，朝猎人的头上抓去！

　　这时候，那个护林人已经吓呆了。他一边高声喊叫，一边挥舞着手里的猎枪，可是他没法开枪，因为枪弹可能会打到猎人身上！

　　突然，那只熊嘶吼着打起滚来，一把短刀扎在它的肚子上！我们不能不说，这是一个沉着的猎人，他虽然被熊扑在地上，但还是伺机把短刀扎进了它的肚皮！

　　只是现在，在这个猎人的头上，总是包着一条暖和的头巾。

还有一件发生在猎熊时的悲惨事儿。

猎人塞索伊奇发现了一头大熊的踪迹，他立刻跑到邮局去拍电报，电报拍给列宁格勒的一位朋友——一位医生，也是个猎熊专家。他想邀请这位朋友一起猎熊。

第二天，从列宁格勒来了三个人，一位医生和一位上校——都是塞索伊奇认识的。另外一个人，是个举止庄重的人，身材魁梧，有两撇乌黑油亮的胡须。塞索伊奇一见到他就不大喜欢他。

他们开始讨论围猎的计划。塞索伊奇提醒他们："打这么大的一头熊，每一个猎人后面都应该跟一个后备猎手。"

那个举止庄重的人不赞成，他说："谁要是不相信自己的枪法，那就不应该去猎熊。"

"好大胆的汉子。" 塞索伊奇心里暗想。

上校却认为小心一点总没错的，医生也表示同意，所以那个目空一切的人也就勉为其难地同意了。

第二天早晨，天还没亮，塞索伊奇就叫醒了三个猎人，然后去召集赶围的人。

等他回到房间时，看到那个大模大样的人正在摆弄他的两管枪。塞索伊奇的眼睛都亮了：他还没见过这么好的枪呢。

那个大模大样的人把枪放进灵巧轻便的小提箱里，又从小提箱里拿出弹筒，里面装着钝头和子弹。他一面摆弄这些东西，一面跟医生和上校吹嘘自己的枪有多么精致，子弹有多么厉害。

塞索伊奇虽然脸上不动声色，心里却觉得自己本来就矮的个子又矮了一截。

天蒙蒙亮的时候，打集体农庄里出来一长队雪橇。塞索伊奇坐在前面的雪橇上，后面跟着四十个赶围人和三位客人。

到了离熊躲着的小树林还有一段路的时候，大家停了下来。猎人们进了一个小土房，生火取暖。

塞索伊奇穿着滑雪板侦察了一番，然后布置围猎的人。负责呐喊的人排成半圆形，先站到小树林的一面；不呐喊的人站在林子的两翼。

围猎熊可不像围猎兔子。呐喊的人在打猎的过程中，并不进林子里包抄，老是站在同一个地方。不呐喊的人站在林子两翼，从呐喊的人站的地方起，一直站在狙击线——为的是怕熊被呐喊的人赶出来时折向一旁去。如果熊朝他们跑过来，他们只能脱下帽子向它挥舞。这样做就足以把熊往狙击线那边撵了。

塞索伊奇布置好赶围的人后，又跑到猎手那里，把他们带到拦击的地点。

拦击点共有三个，彼此相距25~30步。塞索伊奇得把熊撵到这条只有100米宽的窄窄通道上来。

塞索伊奇让医生站在第一号拦击点上，让上校站到第三号拦击点上，再让那个大模大样的人站到中间。这里有熊进入树林的脚印。一般来说，熊从躲藏地点出来时会顺着自己原来的脚印走。

年轻的猎人安德烈充当后备射手，站在大模大样的

人后面。当野兽突破狙击线或者扑上猎人的时候，后备猎手才有权开枪。

所有的猎人都穿着灰罩衫。塞索伊奇对他们下达了最后的命令：不准谈笑，不准吸烟；赶围人开始呐喊的时候，不能动也不能弄出声响，要尽量放那只熊走得近一些。

吩咐完这些，塞索伊奇就跑到赶围的人那儿去了。

过了难熬的半个钟头，终于传来了猎人的号角声。

短暂的一分钟过后，赶围的人开始呐喊起来，叫的叫，嚷的嚷。

塞索伊奇吹完号角，就和谢尔盖一起踏着滑雪板，飞快地向树林滑去——去撵熊。

塞索伊奇从脚印上看出熊很大。但是，等到大熊出现在小云杉上面时，小个子猎人还是打了哆嗦，稀里糊涂朝天开了一枪，跟谢尔盖异口同声地喊："来啦！来——啦！"

塞索伊奇跟在熊后面紧追不舍，拼命想撵它往该去的地方跑，但是他白费力气——追上熊是不可能的。熊前进的速度就像只汽艇。

熊从塞索伊奇的视线里消失了。但是，没到两分钟，塞索伊奇就听到了枪声。

塞索伊奇用手抓住离他最近的一棵树，停下了脚下的滑雪板。

这时，又响起了第二声枪响，接着是一声充满惊恐与痛苦的惨叫声。

塞索伊奇拼命向射手那里滑去。

当他赶到第二个拦击点时，上校、安德烈和脸色苍白的医生，正抓着熊皮，把熊从躺在雪地上的第三个猎人的身上抬起来。

原来事情的经过是这样的。

熊顺着自己的脚印跑进树林，直奔第二个拦击点。本来是应该等到熊离拦击点10~15步远的时候才能开枪，可是，猎人沉不住气了，在熊离他还有60步远的时候，他就开了枪。这么大的一头熊，看起来动作很笨拙，实际上跑起来非常快。所以，只有在离得这么近的时候开枪，才能打中它的要害部位——头或心脏。

从猎人的好枪里打出去的达姆弹打穿了熊的左后腿。熊痛得发起狂来，向射手身上扑了过去。

射手慌了神儿，竟忘了射击，把枪一扔，转身就跑了。

熊使出全身的力气，看准射击他的那个人的后背就是一巴掌，把他掀倒在雪里。

后备猎手安德烈可没白瞪眼儿，他把自己的双筒枪杆进熊张开的嘴巴里，双机齐扳。

谁知双筒枪竟然没开火，只是轻轻地"吧嗒"响了一下。

这些都被站在第三个拦击点上的上校看到了。他跪下一条腿，瞄准熊的头，就是一枪。

那只大熊在空中僵了一小会儿，然后像一座小山似的，倒在他脚下的猎人身上。上校的枪弹打穿了大熊的太阳穴，它当场送了命。

医生也跑了过来。他跟安德烈和上校一起，想挪开已经死了的大熊，把它身子底下的猎人救出来——这会儿还不知那猎人是死是活呢！

沉重的兽尸被挪开了，大家把猎人搀了起来。猎人还是活的，只是脸色惨白得像死人似的。熊还没来得及揭他的头皮。

这会儿，这个城里人已不敢正眼看人了。

大家把他扶上雪橇，送到集体农庄。

他在那儿稍微定了定惊魂，竟把熊据为己有了。他拿了熊皮就去了车站，也不管医生怎样劝他好好休息休息再上路。

事后，塞索伊奇若有所思地说："这下我们可失算了：不应该让他把熊皮拿走的。这会儿他准是到处夸口，说自己有多厉害。那只熊都快300千克了——真是个吓人的大家伙。"

December | 忍受残冬月

咬牙熬下去

2月——蛰月！

这是冬季的最后一个月，也是最可怕的一个月！狂风卷着暴雪在地上奔跑，所有的野兽都在消瘦！秋天攒下来的脂肪，已经消耗完了；地下仓库的存粮，也都见了底儿！

白雪——本来是帮助保暖的朋友，现在对于那些野兽来说却变成了催命的敌人！树枝经不起厚雪的重压而折断了。只有那些山鹑啊、琴鸡啊，喜欢一头扎进深雪里，因为那儿暖和呀！

可糟糕的是，夜晚寒气袭来，雪面上冻上了一层冰壳。这个时候，就是你把脑袋撞扁了，也休想从下面钻出来！

所有林中居民的存粮，都差不多吃光了。那些因为饱食了一个秋天而养得肥肥胖胖的走兽，也都变得虚弱不堪——皮下那层暖和的脂肪已经没有了。更让它们难以忍受的是，狂风夹杂着暴雪满林子乱撞乱窜，好像故意和它们作对。

没有办法，这个冬天只剩下一个月的生命了，它要抓紧这最后一个月展现它的威严。因为，只要春天一露头，它就要收拾东西回去了！

不过，现在还不是时候，天气仍旧一天比一天冷，再加上狂风肆虐，真是可怕！森林里到处是冻僵的尸体。甲虫、蜘蛛、蜗牛、蚯蚓，它们都是被狂风从藏身的地方扫出来的！

还有那些小兽，风吹毁了它们的巢穴，吹掉了盖在它们身上的雪被，吹僵了它们的血液！它们就这样倒在了冰冷的寒风里！

还有乌鸦！它们是多么坚强的鸟儿啊！可在长久的暴风雪之后，你会发现，它们也冻死在雪地上。

我们不禁有些担心：这些在饥寒交迫中挣扎的飞禽走兽，究竟能不能熬到天气转暖？

为此，我们的通讯员走遍了整座森林。在冰底下的淤泥里，他们看到了许多青蛙。它们是钻到那里去，挤在一起过冬的。

把它们从淤泥里拿出来的时候，它们看起来就像是玻璃做成的，只要轻轻一碰，细细的小腿儿就咔吧一声折断了。

我们的通讯员带了几只青蛙回家。把它们放到温暖的盒子里后，小心翼翼地叫它们暖和过来。

它们一点点苏醒过来了，一天后就能在地上乱蹦乱跳了。

看来，只要等到春天，太阳把冰晒化，把水变暖，

它们恢复健康是没有问题的。

在距离十月铁路萨勃林诺车站不远的托斯那河岸边上，有一个大岩洞。以前人们在那儿挖沙子，如今，已经许多年没有人进那个洞了。

我们的通讯员进了那个洞，发现洞顶上倒挂着许多蝙蝠，有兔蝠，还有山蝠。

它们在那里已经睡了五个月了，它们头朝下，脚朝上，用脚牢牢地攀住凸凹不平的洞顶。兔蝠把大耳朵藏在叠起的翅膀下，用翅膀把身体裹得严严实实的，估计正做着美梦呢！

蝙蝠睡了这么久，不免让我们的通讯员有些担心起来，于是他们当场测了测它们的脉搏和体温。

夏天的时候，蝙蝠的体温跟我们人类一样——在37℃左右，脉搏是每分钟200次。

现在，蝙蝠的脉搏只有每分钟50次，而且体温更低了，只有5℃。

尽管这样，我们也无须特别担心。因为这些"小瞌睡虫"们健康着呢，它们还可以舒舒服服地睡上一个月，甚至两个月，等温暖的夜晚一到，它们就会十分健康地苏醒过来。

所以，你根本不必再为森林里的居民们担心了。虽然寒冷和饥饿会使它们当中的许多失去生命，但总会有幸存下来的！因为生命本来就是这样！循环往复，生生不息。

巧设圈套来捕狼

说起打猎，如果猎人会设各种巧妙的圈套，那他们通过圈套捉到的野兽一定比用猎枪打到的多得多。但是如果想用圈套捉到更多的野兽，不仅要足智多谋，还要十分了解野兽的脾气和习性；不仅要会设计陷阱、做捕兽器，还要善于布置得当。

对于那些经验丰富的猎手来说，利用陷阱和捕兽器总能打到很多野兽，但笨头笨脑的猎手设置的陷阱到头来总是一无所获。

看来，学会设陷阱、圈套是很重要的。不过捕兽器是不用自己制作的，只要买一些现成的钢制捕兽器就可以了。但是，猎手要学会自己做装置，这可就没那么简单了。

首先，应该知道要把这个"圈套"设在哪儿才够合适。按照常规的话，应该把它摆在兽洞旁边、野兽经常出没的小径上，或者是许多野兽的脚印汇聚和交叉的地方。

其次，要了解准备和安置捕兽器的步骤和要诀。要是捕捉那些非常机警的兽类，比如黑貂、猞猁什么的，那么大体上要遵循这样的步骤：事先把捕兽器放在松柏叶的汁液里煮一下，这样可以消除铁器的味道。然后用木锹把地上的雪弄平整，再戴着手套把捕兽器放置在那儿。放好以后，再小心翼翼地用雪把表面弄平。否则，野兽那灵敏的鼻子即便隔着一层雪也能嗅出人的气味或者钢铁的气味。

如果想捕捉那些身强力壮的野兽，就得把捕兽器先拴在一根重木头上，以免那些上了套的野兽拖着捕兽器逃走。

在捕兽器上放诱饵的时候，也得知道哪一种野兽最喜欢吃的东西是什么。有的喜欢吃老鼠，那就给它放上一只老鼠好了；有时需要放一些肉在捕兽器里；当然，还有些野兽最喜欢吃鱼，你可得准备一些干鱼才能把野兽引过来。

如果我们想捕捉像银鼠、灵鼬、黄鼬、水貂这类的小型野兽，就需要做一个神奇的捕兽笼。

这种捕兽装置制作起来非常简单，差不多每个人都能够制作。

这种捕兽笼虽然各式各样，但它们有一个共同的特点：野兽进得去，但是出不来。

你先找一个长木箱或者木桶作备用。在这个箱子或者桶的一头开个入口，在入口处放上一个用粗金属丝制成的小门儿，不过小门儿得比入口长一些，这样才能把门斜放在入口处，小动物们钻进去就出不来了。等你装好门，捕兽笼就算大功告成了。

你也可以在捕兽笼的一面装上一块"活落板"，把诱饵放在捕兽笼堵死的一头，然后在捕兽笼开得比较小的那个入口上面装一个活闩。

"活落板"底下装着一个转动轴，这样，当小野兽从这儿经过的时候，这块板子就会自动翻转，小野兽身子底下这一半的板就往下侧落，靠近入口的那一半板却向上翘起，这样就会触动入口处的那个活闩，活闩一动，出路就被小野兽自己严严地堵死了，它只能蹲在里面，等你去捉了。

生擒小野兽还有一个更简单的方法。

取一只高一点或者大一点的木桶，再把桶底和桶盖中心钻两个相对着的小洞，小洞里再穿上一根长铁轴，铁轴两端要露在木桶的外边，然后把铁轴的两端架在两根立在地上的柱子上，这样，这个木桶就悬空了。接着，我们要在放木桶的地上挖个坑，坑的深度等于半个桶的高度，最后，我们把木桶斜倾过来，桶口就吊空在坑上面。

在这样的捕兽器中放诱饵时，要贴近桶底。小野兽爬进桶里去吃诱饵时，刚爬过桶的半中腰，桶就突然翻了过去，整个桶底朝下，正好扣在地上的那个坑上，掉进桶底的小野兽这会儿就成了瓮中之鳖，怎么也爬不上来了。

冬天冰冻的时候，乌拉尔的猎人们还想出了一个更简单的方法，那就是制作一个"冰桶"。

把一个大桶盛满水，放到露天里。要知道，处在桶中最中心位置的水比它周围的水难冻多了。等桶周围的水结起两指厚的时候，猎人就会在桶最上面的冰上凿一个小洞，洞的大小刚好能让一只银鼠钻得进去。猎人再把没有结冰的水从这个小洞里倒出来，接着把桶搬到温暖一些的屋子里去。在暖和的屋子里，桶壁和桶底很快就暖了，贴近桶壁和桶底的冰也就融化了。那时，猎人可以不费什么力气就把这个成桶形的冰倒出来。这就是"冰桶"。

猎人们在"冰桶"里放一些干草、麦秸之类的东西，再捉一只活老鼠从"冰桶"上面的圆洞里塞进去。做好了这些，再找一处银鼠或者灵鼬最容易出没的地方，把"冰桶"埋在雪里，并使阱顶跟周围积雪的地面一般高。

小野兽闻到老鼠的气味，马上就会往"冰桶"的小孔里钻，可是，这只老鼠可能就是它们"最后的晚餐"了，因为它们只要一进去就休想再出来了——冰壁滑溜溜的，爬也爬不出来，啃也啃不透，否则，那只狡猾的活老鼠早就跑出来了。

如果你还为怎样取出"冰桶"里的猎物而发愁，那么告诉你，只要打碎"冰桶"就行了，反正制作这种捕兽器那么容易，你想做多少个就能做多少个，干吗吝啬呢？你说是吗？

最常用的捕狼方法就是设狼阱了。

猎人常常会在狼容易出没的小径上挖个椭圆形的深

坑，坑壁要挖陡一些，高一些，大小很有讲究。太大，狼很容易逃脱；太小，狼就进不了陷阱。因此，这个坑的大小最好能够刚好装下一只狼。

挖好坑了，猎人还得把这个坑"伪装"一下。先在坑上面铺上细枝条，在枝条上再撒点更细的枝条、苔藓、稻草之类的，最后再撒一层雪。这样，就露不出一点陷阱的痕迹了。

夜里，当狼群从这里经过的时候，打头的那只走着走着，就会突然掉进陷阱里。

第二天早上，猎人把它活捉出来。

除了做"狼阱"，还有设"狼圈"来捉狼的。这种方法需要选一片空地，再把木桩一根紧挨一根按照圈形的顺序打在这块空地上。打好这圈木桩，再围着这圈木桩打一个大圈。

这时，里圈和外圈之间就形成了一条窄窄的夹道，宽窄叫一只狼恰好能挤得过去。

外圈围好了，在外圈上再安上一扇门。这扇们只能往里开，不能往外开。做好这些，我们在里圈内放上一头小猪或一头绵羊。当然，你也可以放一只山羊。

狼一闻到这些小猪、小羊的味道，就会一只跟着一只纷纷朝这个狼圈里走来，等它们一个一个地进了那扇打开着往里开的门之后，就开始在两圈木桩中间那狭窄的夹道中间绕圈子了。

等它们慌乱地绕了一整圈后，头里的一只狼又绕到了它刚才进来的那扇门前。现在那扇门妨碍它继续前

进，可后面狭窄的空间同样不允许它转过来。因此，第一只狼只好用头顶门，门被这么一顶，很快就关上了。于是所有狼就成了猎人的囊中之物了！

这些狼并不想坐以待毙，它们没完没了地围着圈子里的家畜绕着圈子，转来转去，直到猎人来捉它们。结果，群狼们没吃到羊肉，却连小命都搭上了。

不过，冬天地面冻得像石头一样硬，做"狼阱"和"狼圈"都不太容易，猎人们干脆再换一种方法，即在地上设机关捕狼。

这种地上的机关做起来不太难，先用木桩围成一个围栏，在围栏的四个角上立四根柱子，在这块地的中央立一根比周围栅栏高一些的柱子。柱子上再系一块肉当诱饵就可以了。

再找一块木板与这个"地面陷阱"搭配，猎人们就大功告成了。怎么搭配呢？就是把这块木板的一端放在地上，另一端由围栏的一边做支撑轴而悬在半空中，不过悬空的那头要悬在靠近诱饵的地方，这样才能构成"圈套"。

狼闻到肉的气味，急得上蹿下跳，找了半天，终于找到了这块通向"美味"的木板。狼开始顺着木板往上爬，当它爬到一定高度时，身体的重量就把悬空的木板一头压下去了。狼站不住脚，一个跟头就跌进了围栏里，乖乖地做了"俘虏"。

熊洞旁又出事儿啦

正是2月底，地面上的积雪还很厚。塞索伊奇穿着滑雪板，在生满苔藓的沼泽地上缓缓地滑行着。

他的北极犬小霞一会儿跟在他后面，一会儿又跑到他前面，兴奋地叫着。

在这片沼泽地的前方，是一片片小树林，小霞奔向其中的一片，钻到树林后不见了！不一会儿，树林里传来小霞狂暴的叫声。塞索伊奇马上明白了——小霞遇到了熊。

塞索伊奇身边，恰好带着一管靠得住的五响来复枪，所以，他心里挺高兴，用力蹬了一下滑雪板，朝小霞吼叫的方向飞速滑去。

树林深处有一大堆倒着的枯木，上面盖着积雪，小霞就对着这堆东西咆哮。塞索伊奇找了个合适的位置，卸掉滑雪板，把脚底下的积雪踩结实了，这才开始端起了猎枪。

过了不大一会儿，从雪底下探出一个黑黑的大脑袋，两只睡眼惺忪的小眼睛闪着暗绿色的光！

　　塞索伊奇知道，熊看敌人一眼后，就会整个儿缩进洞里，然后再猛地往外一蹿，绕过猎人逃命。因此，猎人在熊将头缩回去以前，就得赶紧开枪。

　　但是，因为瞄准的时候太过匆忙，所以塞索伊奇的第一枪并没有打中那个大家伙，只是轻轻地擦伤了它的脸颊！

　　这个大个子跳了出来，朝塞索伊奇猛扑过去。

　　幸好第二枪打得特别准！那只熊晃了一下，倒在了地上。

　　小霞冲过去，在熊的尸体上撕咬起来。

　　刚才，当那只熊扑过来的时候，塞索伊奇并没有顾上害怕，可现在，不知怎的，这个结实的小个子猎人突然觉得浑身发软，耳朵里嗡嗡直响。其实，任何一个猎人，即便他是顶勇敢的猎人，在惊险过后，都会有这种感觉。

　　塞索伊奇深深地吸了口气，好像在思考着什么。过了一小会儿，他终于清醒了过来。他这才意识到刚才那一幕真是可怕。

　　就在这时，小霞从死熊的旁边跳开，又向那堆枯木扑过去。不过，这次它是往另一个方向扑的！

　　塞索伊奇一看，不由得惊呆了！从那儿又探出一个黑黑的脑袋！

　　不过这时，小个子猎人的心神已经镇定下来。他迅速端起枪，一枪便结果了那个家伙的性命！

　　但是，几乎就在同一时刻，从第一只熊跳出来的洞

口里，伸出了第三个脑袋！接着，又伸出第四个！

塞索伊奇慌了神儿！看来，这片林子里所有的熊都聚集到这堆枯木下面，这会儿一齐向他进攻了。

他顾不上瞄准，就连发了两枪，然后就把空枪扔在雪里！

匆忙之中，他看到第一枪打中了第三只熊的脑袋，而另一枪也没虚发，却打中了小霞，那当口，它正好跳过去，误中了子弹。

这时候，塞索伊奇觉得自己已经瘫软掉，不由自主地向前走了三四步，绊在被他打中的第一只熊的身上，摔倒在上面，失去了知觉。

不知道过了多久，塞索伊奇醒了过来。迷迷糊糊中，他觉得有什么东西钳住了他的鼻子，弄得他很疼。他伸出手，想捂住鼻子，却碰到了一个毛烘烘、热乎乎的东西！

他竭力睁开眼睛，只见一对暗绿色的眼睛正紧紧地盯着他！

塞索伊奇吓得失声大叫起来，一个挣扎，才把鼻子从那张大嘴里挣脱出来。

他慌慌张张地爬起来，跌跌撞撞地跑出了那片林子。但刚迈出去几步，就又陷进了雪里，雪已经没到他的腰部了。

他好不容易才回到家里。仔细想想，才明白过来：刚才咬他鼻子的是小熊崽子。

过了好半天，塞索伊奇的惊魂才总算镇静下来，把这惊险的一幕仔仔细细想了一遍，总算搞明白了整件事情的经过。

原来，他开头两枪，打死的是一只熊妈妈，紧接着，从另一头跳出来的，是熊哥哥。

这种年轻的熊大多是小伙子。夏天，它帮助妈妈照看弟弟妹妹，冬天，它就睡到它们近旁。

在那一大堆给风刮倒的树下面，其实有两个熊洞。一个洞里睡着熊哥哥；另一个洞里睡着熊妈妈和它的两只只有1岁左右的熊娃娃。

虽然它们还小，体重只相当于一个12岁的小孩，可是，它们已经长得头大额宽，难怪万分惊恐的猎人误以为它们是大熊。

就在塞索伊奇迷迷糊糊躺在那儿的时候，熊娃娃——这个家庭中唯一的幸存者正在找妈妈。

它蹭到妈妈身边，把头伸到母亲的怀里找奶吃。可没想到，它碰到的是塞索伊奇热乎乎的鼻子。熊娃娃以为塞索伊奇那不大的鼻子就是妈妈的奶头，于是就衔住咂了起来。

后来，塞索伊奇把小霞葬在了那片树林里，还逮住了那只熊娃娃，把它带回了家。

那只熊娃娃是个又调皮又可爱的小家伙，而塞索伊奇失去小霞后，也正感到孤单寂寞。后来，这个幸存下来的小家伙，十分亲热地依恋着这个小个子猎人。

春的预兆

这个月虽然天气还是很冷，但春天的迹象已经开始显出来了。

大地上，积雪不再像从前那样白皑皑的了，而是变成了浅灰色，上面还出现了许多蜂窝状的小洞。挂在屋檐上的小冰柱却在逐渐变大。每天，这些小冰柱上都会滴答滴答地往下流水，地上出现了小水洼！

太阳出来的时间越来越长，阳光也越来越温暖；天空不再是那种青白的、冷飕飕的颜色，而是一天比一天湛蓝；天上的云彩洗去了那层灰蒙蒙的颜色，开始变白、分层；一出太阳，窗外就会响起山雀快乐的歌声："斯克恩！舒尔克！"

森林里，说不定什么时候，就会发出一阵欢天喜地的鼓声，那是啄木鸟在咚咚地敲着树干！

在密林里，云杉和松树的下面还有许多积雪，但在这雪地上，不知是谁画了许多神秘的符号和莫名其妙的图案！要是有猎人看到这些符号和图案，他们的心肯定会激动地跳起来。因为这正是森林里有名的大胡子——

松鸡的痕迹，是它们用那有力的翅膀在雪地上画下的印记！不久，它们就要交配了，森林音乐会也马上就要开始了！

在城市里，同样也能感到春天的临近。麻雀在街上飞来飞去，一点儿也不理会过往的行人，只管互相乱啄颈毛，把羽毛啄得四处飞舞。

雌麻雀虽然从来不参加斗殴事件，但是它们也阻止不了那些喜欢打架的家伙们。

猫儿每天夜里都在房顶上斗殴。有时候，两只公猫打得你死我活的，甚至会把一只公猫打得从楼顶翻下来。不过，腿脚利落、身手了得的公猫也不会摔死；它跌下来时正好四脚着地，最多跛几天。

鸽子挤在马路当中，啄食人们撒给它们的米粒和面包屑！

城里到处都在忙着修整房屋、新建住宅。老乌鸦、老麻雀、老鸽子，都在张罗着修理去年的旧巢；那些今年夏天才出生的年轻一代，则忙着修建一个新家，为孵育下一代做准备。那些家各种各样，有树枝的、羽毛的、稻草的，还有马鬃的，每一个看起来都是暖暖和和、舒舒服服的。

花园里响起了早春的歌声，那是长着金黄色胸脯的荏雀。它们站在树枝上，高声唱着："晴——几——回儿！晴——几——回儿！"

那歌声的调子很简单，但听起来却是那么欢快，好像在告诉人们："脱掉大衣，脱掉大衣！迎接春天，迎接春天！"

● 洗冷水浴的鸟儿

在波罗的海铁路上的加特奇纳车站附近的一条小河旁，我们的通讯员看到了一只黑肚皮的小鸟儿。

那天早上，天冷得可怕！我们的通讯员不得不三番五次捧起雪来，摩擦冻僵了的双手和冻得发红的鼻子！

因此，当他看到那只小鸟兴高采烈地在冰面上唱歌时，不禁感到非常奇怪。于是，他走近些，想看个仔细。谁知，那只小鸟蹦了个高儿，然后一个猛子扎进了冰窟窿！

"这下坏了！会被淹死的！"我们的通讯员嘀咕着，跑到冰窟窿旁，想救起这只发了疯的鸟儿。

可他看到什么了？那只小鸟儿正挥动着翅膀，不慌不忙地划着水。只见它在水面上划了几下，便一个猛子扎到河底。过了好一会儿，它又从另外一个冰窟窿里钻了出来，跳到冰面上，又若无其事地唱起歌来。

"难道这里连着温泉？"我们的通讯员把手伸到了小河里。可是，他马上又把手抽了出来：河水冰冷刺骨，他的手好像都要被冻掉了！

这时，我们的通讯员才明白：他面前这只小鸟是河乌。它们和交嘴鸟一样，也不服从自然法则。不过，它们的秘密在于羽毛上那层薄薄的脂肪。它就像一件防水雨衣，将冷水隔绝在羽毛外面。

在列宁格勒，河乌是稀客，只有冬天才会来。

● 迷人的小白桦

昨天夜里，林中又下了一场雪，但雪也改变了性格，变成暖洋洋的、湿乎乎的小雪花，到处飘散。小雪花还把园中街前的一棵小白桦树上的所有秃枝都染成了白色。也不知小白桦树知不知道冷。凌晨的时候，天气突然变得冷飕飕的。

第二天，太阳升到明净的天空中。它一出现，小白桦树就变得非常迷人，好像被施了魔法似的：它挺立在那里，全身上下——从树干到顶细的小树枝，都好像涂上了一层白釉。原来，温度一低，小雪被冻上了一层薄冰。在阳光照耀下的小白桦树，从头到脚都银光晶亮。

几只长尾巴山雀飞来了。它们生着厚厚的、蓬松的羽毛，好像一团团小白绒球，当中还插着几根毛线针。它们落在小白桦树上，在枝头转来转去——它们饿了，想找点吃的。

可它们的小脚爪站在那被薄冰覆盖着的树枝上直打滑，小嘴也啄不透冰壳。小白桦树像玻璃树似的，发出细细的、冷冷的叮当声，一点儿也不欢迎这些刚来的小客人。

无奈之下，小山雀叽叽喳喳、抱怨连天地飞走了。

太阳冉冉升起，阳光也越来越暖和，终于把冰壳晒化了。

小白桦树变成了一个冰冻的喷泉，不停地往下滴水。水珠闪烁着，变换着颜色，像一条条小银蛇在飞舞着。

这会儿，小山雀又飞回来了。它们再次落在树枝上，一点儿也不怕沾湿自己的小脚爪。它们高兴极了，因为小白桦树上的冰已经被太阳融化，它们的小脚爪终于可以站稳了，而且这棵解了冻的小白桦树还请它们吃了一顿可口的早餐。

我们《森林报》编辑部收到了从世界各地寄来的信件，有埃及的、地中海的、伊朗的、印度的，还有英国的、法国的、德国的、美国的。信里面说：那里的鸟儿已经动身返回故乡了。

它们不慌不忙地飞着，一寸又一寸地占领着从冰雪下解放出来的大地和水面。等到冰消雪化、江河解冻的时候，它们就会到家的！